許邦妮・攝影

許邦妮・攝影

税込 162
三度豆
250
わらび
190
税込 205

ほうれん草
奈良
90
13

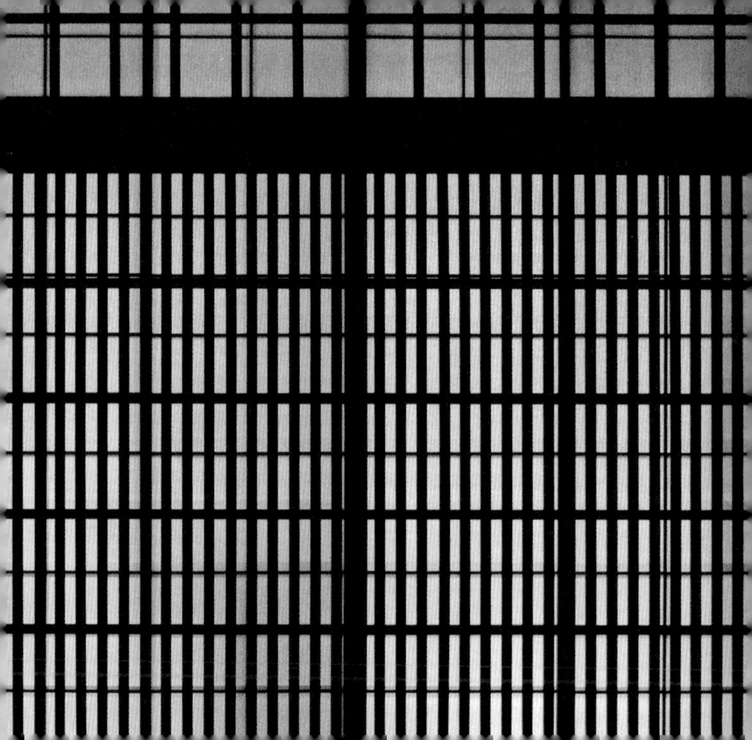

許邦妮・攝影

炊飯｜三月

許邦妮・攝影／料理示範

白和 | 三月

許邦妮・攝影／料理示範

許邦妮・攝影／京都取材

鯖魚壽司 | 五月

水無月｜六月

許邦妮・攝影／料理示範

精進天婦羅｜七月

許邦妮・攝影／料理示範

春夏廚房歲時記

京都家滋味

秋山十三子
大村重子
平山千鶴
——著

おばんざい
春と夏

三月

四月

五月

六月

七月

八月

◎本書所收錄之照片為台灣版獨創照片，非原書照片。

跟著旬味過日子 ◎徐銘志（作家‧《私‧京都一〇〇選》作者）

旬，是我心目中很能代表京都的關鍵字。京都人循著日日些微改變的季節與各式節慶過日子。不只是四季這麼粗略的區分，京都的行事曆更是以「旬」做為依據。懷石料亭主廚經常十天左右就得更動部分菜單，以因應時節的推移。春末的竹筍、夏季的海鰻、秋日的松茸……稍縱即逝；尋常人家的日常也同樣圍繞在這些吃食儀式裡，女兒節吃蜆肉炊飯、新綠時吃生鰹節、水無月時就享用起名為水無月的和菓子……。

《京都家滋味：春夏廚房歲時記》便是三位京都人所描繪的這些旬之味，我一翻閱便停不下來。一方面，輪番上陣的情景就是我曾經有過的京都經驗。海帶芽與嫩筍的組合、京都特有的生麩、以花刀斷骨的海鰻……。另一方面，書裡按節氣過日子的老派智慧，正是深入理解京都的鑰匙。「對於習慣京都生活的人來說，沒有什麼比『大文字』的火光，更能讓人感受到夏日逝去的哀愁。」對京都人而言，五山送火的儀式，便是夏日的終章。

更讓我興奮的，《京都家滋味：春夏廚房歲時記》介紹的全是當地人稱為「御番菜」的京都家常菜。御番菜，是好幾年前我的京都友人推薦給我的。簡單樸實的風味，依季節而有的多樣菜餚，讓我在品嚐過後，隨即被圈粉。我曾經遍嚐京都各大御番菜的餐廳、小館，最終也情定幾家，成為我每到京都必吃的餐點。不誇張，決定行程後的首件事，便是預訂御番菜的餐廳。否則，沒吃到御番菜，感覺就像沒到過京都似的。

讀完書稿，總是搞不清楚日本年號的我，才查起在序中作者署名的年分：昭和五十二年。原來這本書出版於一九七七年，比一九七九年出生的我還要早！四十多年後讀到此書的中譯本，一點也沒有時代的違和感，各項場景、食材歷歷在目。我想，這就是千年古都不斷傳承的生活智慧，也是京都人展現的渾厚底蘊。

大鳴大放似乎是許多人追求的人生目標，但其實感受大自然轉移中的當下，認真地過好每個小日子，才是生活得有滋有味的源頭。如同《京都家滋味：春夏廚房歳時記》一樣，因為有了一期一會的旬之味、祭典和習俗，日常也多了份期待，變得不那麼日常。

序

在京都，下飯菜被稱為「おばんざい」。從歷史脈絡中梳理，昔日能將菜餚稱為「料理」者，僅限於朝廷官員、上層階級。到了江戶時代中期，一般庶民的生活條件漸漸寬裕，市井小民、寺廟中說法的僧侶等，也開始接觸包含茶在內的各種食物。隨著時代變遷，在有千年歷史的古都京都，昔日貴族階層的宮廷料理、寺廟中的精進料理、茶道中的懷石料理等，得以開枝散葉深入民間，演變為至今的「おばんざい」。

「おばんざい」是指一般市井的吃食，讀音聽起來是「飯菜」的意思。不過有一新發現。嘉永二年（西元一八四九年），一本記錄料理的《年中番菜

錄》書中，將「おばんざい」寫為「御番菜」。該書就像現今的料理書，是一本記錄四季菜色、提供給女性做菜時參考的書。

番菜中的「番」字，根據《廣辭林》辭典的解釋，「冠於單字之前，用來表示常用的或粗糙的之意」，例如番茶、番傘。是故，番菜的「番」也可以思考成與此相同的冠詞，「番菜」便是指日常下飯菜的意思。

在繁文縟節眾多的京都，就算是平淡樸素的「番菜」，在什麼日子該吃什麼菜色的習慣也不勝枚舉，然而，飲食上的規矩對於京都的主婦們來說，並不以為苦，反而能使她們不需花費太多心思在日常的菜色。例如在朔日（每月初一）時的醬油煮昆布鯡魚卷與里芋煮鱈魚，每逢有「八」的日子裡吃煮荒布，在月底最後一天吃煮黃豆渣等等。除此之外，與一年之中各種節慶行事亦息息相關，在例如節分（立春、立夏、立秋、立冬的前一天）、初午（每年二月的第一個午日）等這些日子裡，都有各自該吃的食物。

吃食的調味依各家喜好，因而有所不同。然而最近，無論在日本何處，這些味道彷彿理所當然似的，滋味單一如工廠食品，著實讓人心涼失望。對我們這些京都人而言，是如此珍惜自己獨一無二的味覺。有云：「人過三代方懂飲食。」味覺的養成，是如此需要歲月的積累啊。因此，我們也希望將這份珍惜，不停歇地傳遞下去。

如同飲食的本質，京都的番菜既講究味道，也從不吝於耗時費工的製作，那才是真正的奢侈。「就算是費工、費時，也不要費財」，這樣的說法自古就有。不要費財這句話是指，享用當季、當時且物美價廉的食材。這不就正是懂吃與奢侈嗎？

本書以每日的番菜為主軸，填以我們生活的樣貌豐富於其中。這是因為飲食與季節、節慶行事是無法切分的。當中也介紹一些與節日亦有關聯的點心，如三月女兒節時的引千切、端午節時的柏餅等＊，諸如此類的東西，亦與我們的日常生活難以分割。

最近，咖哩飯或可樂餅、高麗菜卷、拉麵這些洋食，也被算進了番菜之列。不過本書暫且不談這類新東西，書裡面只選了古早味菜色，乃因迄今為止雖然有許多料理書（食譜），但是記錄京都日常菜色的書卻不曾問世，我們也有想以此做為紀錄之意。

於此，我想稍微介紹一下身為作者的我們三人。

秋山生在世代釀酒世家，就住在祇園附近，在一色男眾的家庭裡，一個人挑起了家務操持的工作。偶爾放下家務出外旅行，就是她最大的樂趣。

大村是獨生女，出生於祇園的商家，現在一個人住在中京區，最喜歡唱童謠，其中以子守唄＊最為拿手。

＊端午節：原文將五月五日端午節稱做「お大将さん」，這也是京都特有的說法。

＊子守歌：哄小孩睡覺的歌。

平山生長於中京區，父親是醫生，與關東人的丈夫在京都生活，育有一女兩男，現在是四個孩子的祖母，製作和服是她最幸福的時刻。

我們三人是大正時期土生土長的京都女，並非專業的寫作人。不過正因為我們是離不開廚房家事的主婦，講到了番菜，那對我們來說正是身邊最熟悉的事情，是用身體記住一輩子不忘的。所以將這些事情整理寫下，也當作是交付給下一代人的禮物吧。期待以此一冊，能夠成為昭和時代的番菜錄。

昭和五十二年十月　秋山十三子・大村重子・平山千鶴

京都用語

在京都特有的詞彙中（特別是女性用詞彙），有一部分是源自於古代宮廷中女官所使用的女房語，後普及民間，例如「飯勺＝勺子」（おしゃもじ＝しゃくし）、「御酢文字＝握壽司」（おすもじ＝鮨）等詞彙。此外在詞彙前後加上「お」或者「さん」這類敬語詞的開頭結尾，與其說是講話謹慎，更多的時候亦有心懷感謝之情的意思。

京都用語	日語標準語	說明
あも	おもち	日本年糕。
いかき	ざる	笊籬、篩子。
うます		汆燙之後直接浸泡在熱水中。
お揚げ		指炸豆腐。炸豆皮類的東西，尺寸比關東規格的要大兩倍以上。
おかい	おかゆ	白粥。
おこんにゃ	こんにゃく	蒟蒻。
おし	汁	湯、汁。

京都用語	日語標準語	說明
おみのおし	みそ汁	味噌湯。
すましのおし	すまし汁	清湯。
おすもじ	おすし	壽司。
おぞよ		就算在番菜中亦有更家常的粗儉菜色。利用菜葉或者青背魚這類材料做成的菜餚。
おだい	大根	白蘿蔔。
おちこ		小到可以從指縫中掉出來大小的小里芋。

おなごし		女子眾，下女。以現代的說法便是女傭人。
おまわり		菜餚。
おまん	お饅頭	紅豆饅頭。
おまん屋はん		指販賣日常日式點心的小店，與一般精緻的和菓子店不同，除了甜食如紅豆饅頭以外，也會販賣一些生活日常的吃食，紅豆飯、白年糕一類的。
おむし	お味噌	味噌。
お焼き	焼豆腐	烤豆腐。

京都用語	日語標準語	説明
皮しじみ		帶殼完整的蜆。蜆肉的話稱為身しじみ。
関東だき	おでん	關東煮。
ぐじ	甘鯛	馬頭魚。
気出し	塩抜き	將高鹽分食材除去鹽分。
けんずい	おやつ	零食、點心。
酒塩		料酒，當作調味料使用的酒。
じきがつお		將柴魚片直接加入鍋中煮，稱之為以じきがつお煮。

しろ水		洗米水。
ながたん	菜切り包丁，或包丁	切菜刀、菜刀。
走り	流し台	廚房的流理台。流理台所在之處會稱為走り元。
はんぺい		含片（はんぺん），或可稱為鱈魚豆腐或鱈寶。
ひろうす	飛龍頭，或がんもどき	炸豆腐丸子。

三月

◎**三日**——女兒節（雛祭り）。蜆變得好吃了，所以給雛人形大人的供品就用蜆肉炊飯、用帶殼的蜆做成清湯。造型可愛的魚板也別忘了放一點。而應景的和菓子引千切，有些也加了春天的艾草。

◎**彼岸**——春天牡丹餅、秋天萩餅。

◎**二十八日**——每月逢八的日子裡吃煮荒布與炸豆皮。

◎**三十一日**——每月最後一天會炒豆渣。

引千切　女兒節其一（ひちぎり　おひなさん－1）

「那個形狀像是蝸牛的東西是什麼?」某個早春時分，我與來自東京的友人在街頭散步，她突然問了我這句話。我順著她的視線看過去，和菓子店內裝著菓子的箱子，擺放著看起來像蝸牛一樣的引千切。

原來是那個啊！引千切是將糯米餅（麻糬）做成勺子的形狀，在比較平坦的地方放上紅豆餡，看起來的確像是蝸牛。引千切是京都在女兒節時會用到的點心。以前製作時，先要摘取艾草，搗爛後放入蒸熟的糯米中，將這些做成小小的勺子狀，之後放上紅豆泥，是在自家就可以簡單做的樸素點心。由於糯米餅的部分很容易就會變硬，所以近來常見以豆餡混合米粉做成「練切」＊的底座。本來顏色只有艾草的綠色，現在多會以粉紅或淡綠等高雅的顏色來著色。各地風俗不同，如果不是生長於斯，這些菓子也就很容易被看成難以言喻的形狀。

京都的女兒節是四月三日這一天＊。由於三月的京都還很冷，不論是應景的桃花，或油菜花都還沒開，等到各地春暖花開之際該是四月。此時學校也開始放假，因此京都是在此時才開始慶祝女兒節。我家的女兒會邀請朋友來家中，或去別人家作客……。為了這一天，我會依照客人的人數，跟店家預訂引千切。

最近，我收到來自孫女的可愛邀請函。為此，今年的女兒節我便在和菓子店裡預訂了大型的引千切。看起來就像是櫻花與橘子一般，在淡紅與淡綠的底座上，盛開了好多花朵似的，

＊**練切**：以白豆沙製成的基礎材料，通常會添加顏色做爲外皮，內填其他餡料，之後做成各種造型。爲傳統和菓子之一。

＊**女兒節**：亦稱「桃の節句」，在日本其他地區是三月三日。另，日本的傳統節日，明治前是依照舊曆舉行，現在則是日期沒有改變，但是依照新曆時間。

裝飾上了許多白色的豆餡與金黃色的地瓜餡，這與原本樸素的引千切大相逕庭。雖然演變成了這般奢侈的樣貌，但也確實是美，這讓我感到十分歡喜。裝飾在雛人形面前，突然覺得非常之好，自己倒也挺開心的。

雛人形的供品除了引千切，此外還有做成小巧的菖蒲花、蕨草與紅色鯛魚形狀的有平糖，統統裝在小小的竹籠裡。

女兒節的夜晚，應是夢幻的世界。

平山

蜆肉煮物

女兒節其二（身しじみ　おひなさん－2）

女兒節時的餐點，第一膳＊是蜆肉煮物、使用赤貝及鳥貝與青蔥拌醋味噌的「鉄砲和え」，還有僅佐少量山葵的刺身，以及帶殼的蜆做成的湯品與紅豆飯，搭配用小小酒杯裝盛的白酒＊。第二膳是烤物，直接裝盤的生鰈魚乾，一起放的還會有出汁蛋卷與魚板。在同個膳台上，另有散壽司，與做得特別小巧的海苔卷壽司。畢竟是要給孩子們吃的東西，不管是哪一樣都做得便於取食，樣子可愛極了。

所謂的蜆肉煮物，是指去殼之後只剩下肉的蜆，以溫水清

＊**第一膳、第二膳**：古典正式的日本料理，菜餚會放在稱爲「膳」的有腳高台，依序上菜。最先上菜的稱爲本膳（第一膳）接著是二の膳（第二膳），依此類推。

＊**白酒**：女兒節時所飲用的白酒，以蒸熟的糯米加上米麴發酵後，再將所有材料打成液體狀的乳白色濁酒。

洗乾淨，用篩子濾乾備用，接著放入鍋子裡乾炒片刻，灑上一點酒，加入砂糖與薄口醬油調味。最後如果能再加上連小孩子也可接受之分量的薑末，攪拌均勻，這樣便十分入味，更加好吃。

「鉄砲和え」，在京都稱為「鐵炮」（おてっぽい），是將赤貝與烏貝切成細條狀，加上燙熟的青蔥一起用醋洗過的料理。用醋洗是讓這道菜更好吃的祕訣。因為製作時會用力擰這些材料，導致糊糊的怪味黏液跑出來，所以如果不用醋洗一洗，就會把這些黏液一併吃下肚了。絕對不能偷懶不用醋洗啊。洗好之後，再跟醋味噌拌在一起。青蔥的嫩綠色特別有春天之感，搭上赤貝的紅顏色十分漂亮。

醋味噌裡的洋芥末也要減量，將白味噌與砂糖混合均勻，一次一點點酌量地加入白醋，調成適當的濃度。不管是哪一種料理，在調味上都調整成適合孩子的口味。

女兒節時用的魚板，是製作魚板的店家為這個節日特製的可愛模樣。放在手心上，有的是粉色與綠色交織成的格子狀，也有的是繪有桃花、菊花或是鶴等圖樣。就像是友禪＊一般高雅的魚板，真真是說不出來有多麼美，讓人根本捨不得切成片呀。

當天色漸暗，華燈初上時，女兒家們被白酒染紅了的雙頰，歡快的夜晚即將展開。而等到宴會即將結束時，會將引千切分給大家。引千切是將糯米糰做成勺子形狀，再放上紅豆餡的點心。

過完女兒節之後，雛人形隔日便馬上收拾起來。據說若老是不收起來、繼續擺著，自家女兒便會嫁不出去；還有聽說，如果不在過節時將雛人形裝飾起來，該年這些人形便會哭泣，招致家門不幸。在京都，四月才過節的人家也是不少的。

大村

＊**友禪**：友禪染。一種日本布品的染色技法。

散壽司　女兒節其三（ばらずし　おひなさん－3）

為了要邀請女兒的朋友們在女兒節時來作客，除了雛人形以外，各式各樣的餐具也是必須的。

朱漆的膳台、繪有桃花等模樣的飯碗，裝著蜆清湯的小小木漆碗，大小數個盤子、酒杯等。

不管哪種都像是辦家家酒的玩具一般，全都做得小巧可愛。看起來像是九谷燒，白色的底飾以赤金色的唐草花朵模樣。備齊了十人份、二十人份，平日就收在倉庫深處，只有在女兒節時才會拿出來使用。打開古老的木箱子，就可以看到這些道具被一張一張的紙好好包著，其中還有些紙是幼年時習字用的練習紙呢。

替雛人形準備的供品一字排開。烤物會用生的笹鰈魚。一塊約十五公分左右，稍微用鹽醃漬曬過，放在墊有白色宣紙的盤子裡。供品用的笹鰈魚並沒有要吃，是要給客人帶回去的，所以不必加熱。

清湯是用蜆煮成的。瀨田產的蜆特色是個頭較大，顏色黝黑，湖水暖了，蜆肉就會肥美好吃。前一晚要泡在清水裡，水裡面放入菜刀、鐵釘等鐵製的東西讓蜆吐沙……。吐沙時，蜆殼會略略打開一點，看起來感覺悠哉悠哉，我也曾用細竹籤往開口裡戳，玩起釣魚的遊戲。

我覺得特別好吃的是壽司。散壽司，或者捲得小小的海苔壽司。

在京都，這不叫做五目壽司，也不是在醋飯上放有魚生的那種散壽司。我們在壽司飯裡加了了泡過醋的魩仔魚、瓢乾、高野豆腐、香菇、發酵的生麩等，將材料混合好，在最上面放上煮得甜甜、切成細絲的香菇裝飾，並不會放上魚生。

海苔卷也捲得特別細，小小的，貼心地讓孩子們的小嘴也可以簡單地一口吃進去。裡面包的料有瓢乾加上蛋卷，並用稍稍燙過的鴨兒芹點綴配色。

女兒節這一天，到人家家裡作客，不論是哪家哪戶，都是一樣的菜色，一樣的桃花。還有樟腦的味道。

而來作客的女兒家們，隨著時光流逝也出落得亭亭玉立了。

秋山

酒蒸馬頭魚（ぐじの酒むし）

帶來若有似無的早春滋味與香氣的，是酒蒸馬頭魚。在京都，馬頭魚叫做「ぐじ」。在若狹的海邊捕獲並簡單撒了鹽的馬頭魚或鯖魚，會特別備注是「若狹來的」，在京都料理中是很被看重的食材。

在以前，從若狹的海邊到京都市中心要走十八里山路，雙肩挑著扁擔，拚了命加快腳步送過來，為了維持新鮮，會在魚貨上撒一點恰到好處的鹽巴。不過時至今日，山路不用再趕了，運送也變得輕鬆。

身經日本海波浪洗禮的魚貨，魚肉緊實，撒了一點點鹽巴熟成的狀態也恰到好處，不論是做成刺身或者拿來燒烤，都是十足彈牙、極富口感。馬頭魚的尺寸，大小適中才是上品，一條最好是五〇〇到六〇〇公克左右。把這魚用酒清蒸，就是極雅致的番菜。

先把馬頭魚去骨取魚清，魚鱗用柳刃＊伸入魚肉貼著魚皮從尾部朝頭部方向，將魚鱗連著魚皮一起薄薄地片除，這種做法叫做「隙引」（すき引き），這種做法對外行人來說有點難度，我會請魚販代為處理。接著再將細小的骨頭拔除，魚肉切成片，稍微淋過熱水備用。

不只顏色，馬頭魚連風味都屬清淡，搭配的器皿就用錦手＊這種華美的蓋碗為好，碗中加入各一小酒杯的調理酒與昆布出汁（だし，即日式高湯），再把馬頭魚放進去，就可以下鍋蒸了。配色用的春菊與鴨兒芹事先稍微燙過，等魚蒸好了再擺在一起。最後，可不要忘了放一片柚子皮。一打開碗蓋，白瓷色碗底的魚片、顏色鮮綠的配菜，還有新酒的香氣撲鼻而來。

＊**柳刃**：處理生魚片的專用細長廚刀。

＊**錦手**：古伊萬里燒的一種製法，以赤、綠、黃、青、紫等色進行圖案繪製。同類亦有色繪、五彩、赤繪等。

這道酒蒸馬頭魚，如果要做得更家常，分量更多時，可以在蓋碗底鋪上昆布，加上一點切成塊狀的豆腐、新鮮香菇，還有生麩等配菜，一點調理酒、出汁淺淺地蓋過材料，蒸好之後放入一點配色用的蔬菜以及柚子皮。

這道菜口味清爽，就算是年長者也會喜歡。

酒蒸馬頭魚僅以馬頭魚的鹽分、還用酒的辛、甘決定風味。雖然僅是如此，要做得好卻不簡單。

這是一道屬於早春、淡淡滋味與香氣的菜色。

大村

炊飯（かやくごはん）

雖然也偶有回暖的日子，但讓人凍到發抖的天氣依舊持續著。儘管如此，不知不覺中，日光漸漸和煦，白晝持續的時間也愈來愈長。在鴨川的堤防邊，零星的嫩綠色開始萌芽，在地底、在天的盡頭，早春的氣息蠢蠢欲動。

雖說白米飯是天天都吃不膩的，但是總會有想換換口味、煮點炊飯來吃的日子。炊飯的味道與配色經常在早春時分自心底浮現。

蒟蒻、豆皮、胡蘿蔔、牛蒡盡可能切成細細的。不論是哪種材料，分量都差不多相同。若想把牛蒡削成線般纖細，可以先在牛蒡的斷面上縱切幾刀再削就成了。接著把牛蒡以洗米水浸泡，除去澀味。細心地將白米掏洗至水質澄清，以醬油、味醂、鹽巴調味之後，再補足清水。添色的醬油在春天要放得淡一點，鹹味的濃淡就靠鹽巴，水量調整好之後，放一點薑下去一起煮。因為加了醬油烹煮的飯容易焦鍋，在熄火之前都不得不小心看顧。如果可以把飯炊煮得又鬆又軟，粒粒分明，那就是完美了。此外，煮飯時用的米若加進一成左右的糯米，就算炊飯冷了，飯粒也不會變硬。

炊飯的材料有很多變化，除了可以放點雞肉之外，在春天添加筍子、秋天放些菌菇，都是不錯的選擇。我把信州帶回來的土產——鹽漬山菜——細細切碎之後一起烹煮，也變成了好吃的炊飯。我聽說在禪宗寺廟裡所吃到的生薑炊飯，是以醬油與鹽巴調味，剛煮好的時候淋上很多薑汁燜一下而成，口味非常「大人」呀。至於加了炒過的黃豆一起煮的炊飯，雖然會讓我想到戰爭中的歲月，但年輕人們覺得口感很好，相當好吃。

炊飯是一種享受米飯變化的料理。在我們家，總是特別受到女兒喜歡，平時晚飯如果煮了炊飯，連喝酒比吃飯多的老公，都會不禁面帶笑意地發出讚嘆：「喔~今天伙食真好！」

平山

鱈魚子（たらの子）

小傢伙從屋外哭著跑回家，我輕聲安慰並一把將他抱起來。孩子的小小指頭不經意間碰觸到我的臉頰，傳來絲絲涼意。

因為受凍起了小小紅色水泡的小小指頭，像極了鱈魚卵。……以前做為便當菜時，會擔心寒磣而小心地被塞在角落的鱈魚子，近來價格上漲了許多。這紅色小東西的父母叫做黃線狹鱈，也被稱為明太魚，魚嘴閉上時下巴會突出，外觀很容易辨認。易捕撈的海域跟其他鱈魚一樣在北海，魚身是做成魚板的材料。

將鱈魚子簡單炙燒一下直接食用，是多數人的烹調方式，如果是薄鹽的高級品，切片撒上大量的柴魚花，最後淋上一點點的味醂跟醬油是最好的。不論是當作下酒小菜，或是跟熱騰騰的白飯當作早餐吃都很美味。或者，把薄膜切開，刮出裡面的魚子，撒在切成細絲的墨魚生魚片上，就是款待賓客的佳餚。這道菜有一個極溫柔的名字，叫做「紅葉墨魚」（もみじあえ）。

還沒處理過的鱈魚子尺寸很大。顏色髒髒的，簡直就像是掉在下了雪的泥巴路一樣，看起來有點醜，不過調理得好，也會有讓人意想不到的美味。

首先，切分兩個黏在一起的卵巢，分別用和紙包好，或是正月時換新和室門用剩下的障子紙。紙的兩端以木棉線綁緊，捲起來放好。鍋子裡加入大量的水，開火加熱到半溫不熱時，將紙包好的鱈魚子下鍋，以中火慢煮至中心通透，如此一來，魚卵表面的薄膜就不會破，切片時會是漂亮的圓片狀。

煮好之後放涼，把紙拿掉，切成一公分左右的圓片。出汁裡放料理酒、砂糖、薄口醬油調味並加熱到沸騰，此時放入切成圓片的鱈魚子，煮到湯汁收乾之前，都不要碰它。一開始的調味可以寡淡些，煮好時就會是剛好的味道。

煮好的鱈魚子搭配土當歸（うど）、生香菇、豌豆莢、胡蘿蔔，就是一道盡享早春色彩與滋味的番菜。小小提醒，在做這道菜時，搭配食用的蔬菜要用另外的鍋子各自煮好，最後擺盤才裝在一起。

秋山

牡丹餅（ぼたもち）

前一晚煮好紅豆，預先把紅豆餡做好。隔天一早起來，將白米與糯米混合好並洗淨，添足所需水量泡著，做為製作牡丹餅的事前準備。掃完墓回家，隨即點火煮飯。在彼岸日＊這一天，女人們要做的事特別多。

自家做的牡丹餅會做得比較大，畢竟是自家製，大概都不會做得太小。以前我媽會做紅豆泥、紅豆粒、黃豆粉、黑芝麻糖、海苔粉，共五色五種的口味。甜的吃多了發膩時，帶著鹽味的海苔特別美味，鹹甜交互搭配著吃。對甜食不那麼感興趣的爸爸，在這一天的午飯也會被勸著吃上兩大個，我想

＊**彼岸日**：一年有兩次，以春分和秋分爲中心前後各三天的時期稱爲彼岸。此處爲春分彼岸。

他應該吃得很辛苦吧。

最近，多是在點心店裡買現成的牡丹餅，雖然說已經很久不再自己做了，但是在家裡做的紅豆餡極香，有著讓人異常驚豔的美味。動手做其實也不是什麼太難的事，不管成品滋味如何，如果煮好的紅豆沒有裂開，就會讓人特別開心。

首先是米的比例，白米與糯米各半，水量比日常煮飯少一成。飯煮好之後，撒一點點鹽巴，用杵臼搗至僅留一半米粒的狀態就可以了。有些地方把這種剩下一半米粒口感的叫做「半殺牡丹餅」。聽到這樣的說法時，恐怕京都女子都會裝可愛地發出「哇～～」「好可怕啊」的驚呼聲吧。將處理好的米飯隨意捏成圓球狀，喜歡大一點的，就盡情地做得大一點；覺得小巧為好的，就做成小小的。在打濕的布巾上把紅豆餡攤開，用它來整頓飯球的形狀，把紅豆餡跟飯球組合而成。另一邊，將黑芝麻炒過後，以杵臼搗碎加入砂糖與小小一撮的鹽巴，做成黑芝麻糖，將飯球放上滾一滾，做成芝麻糖口味。現做現吃是好吃的關鍵，如果先做好放著，芝麻糖外表就會變得黏呼呼了。

跟著媽媽一起做牡丹餅時，她說起了過去在女校的國文課上學到的，同樣的東西，在春天叫牡丹餅，秋天則叫做萩餅。這是我永遠不會忘記、偶爾浮上心頭時亦覺得美的一段話。

平山

紫萁（ぜんまい）

這是狀似繩子的茶褐色乾貨，想要變成能吃的狀態，需要花一點工夫。取一小把木灰化在熱水裡，將其浸泡靜置一晚，隔天清洗乾淨後，還要再泡水兩三天，途中不時換水，等狀似繩子的乾貨充分吸飽水分，如此才泡發完成。然而新鮮的紫萁並不會拿來吃，比起初春時吃的蕨菜（わらび），紫萁的滋味更顯得老陳一些。但這東西並不是只有老年人吃，小孩也很喜歡，興許是合京都生養的孩子們的口味吧。

近年來，家中已經找不到木灰這樣的東西了，要從乾貨的狀態自行泡發，不是那麼容易。但菜販那裡經常售有現成的，但那是切成三公分左右、用砂糖跟醬油煮好的半成品。市面上極少販售紫萁風味的現成品。不過半成品搭配其他食材一起做成煮物倒是挺好的。搭豆腐丸子不錯，跟烤豆腐也很合；如果和鰆魚一起煮，立刻就豐盛了起來；加點黃芥末醬油涼拌，又會變成一道特別時髦的涼拌菜。不管跟誰都能搭，但失去自身滋味的紫萁，卻也絕對沒有失去自己風味，我時常想，這不就很像京都的女子嗎？一邊看似配合著別人，一邊也沒能完全地拋下自己。唉呀～我好像有點自說自話起來了。

紫萁是一種與三面環山的京都特別相得益彰的山菜。據說得在四、五月左右，趁著葉子還捲起來時就得趕緊摘採，燙熟之後乾燥起來。以前我們家也會每年從丹後地區拿到一些。品質好的乾燥紫萁，泡發之後帶著亮亮的光澤。這樣費工的東西，已經消失很久了。而往昔住在丹後、送給我們紫萁的人，也因年邁早已不在人世。

聽說紫萁是羊齒類植物的嫩芽，我總想著一定要親自去看看還沒被摘下來前的樣子。某年，住在丹波的朋友，邀請我到距離山陰線車站很遠的山邊小村子看紫萁。在潮濕的雜草中，褐綠色的紫萁就像是高舉著緊握的小拳頭般生長，細嫩的絨毛閃閃發光。長在這樣的地方，不論是摘下或者是煮來吃，紫萁都萬般惹人疼愛。想起過去不曾間斷給我們送來紫萁的丹後老人，那份情意，我在多年後的如今才有了深刻的體會。

平山

白魚鍋（かやくなべ）

紀州海濱白魚捕撈的季節開始了。從報紙或電視上得知如此具有季節感的消息時，總會有「春天啊，已經來了呢」的真實體會。特別是在寒流嚴峻的冬天，這種奔向春天的訊息，真讓人特別欣喜。白魚是報春魚，興許是從龍宮肩負著公主委託的口信，一路來到我們這裡的吧。

細長、纖細宛若少女纖纖十指般的白魚，它的滋味更是格外高雅。佐以二杯醋＊是最清爽的吃法，做成白魚鍋也極佳。

白鍋魚的材料除了白魚以外，還有烤過的星鰻魚肉、魚板、百合根、鴨兒芹等。其中，星鰻跟魚板都切成細條狀，鴨兒芹

＊**二杯醋**：醋與醬油一比一調配而成的調味醋。

切碎，百合根燙熟。在土鍋中多放一點昆布出汁，煮滾後，除了鴨兒芹以外的材料統統下鍋，湯滾了之後，調成口味清淡的湯品。最後在鍋中加入細絲狀的蛋液，煮成蛋花。邊吃邊煮是白魚鍋最好的吃法，大家圍在鍋子邊，各自用小湯勺舀進自己的碗裡。最後撒上鴨兒芹那一刻，特別有春天到了的感覺。

剛過彼岸，京都街頭巷尾的氣溫又一口氣地下降了。這叫做「比良山風亂吹」＊，也叫做「嚇跑媳婦的寒冷」＊。才剛開始有回暖的跡象，冬衣一收拾好，天氣又馬上變冷；已經換季整理好的衣物，拿出來用又不甘心哪，忍耐著受凍也著實令人討厭。就像是做人家媳婦的，一次又一次小心翼翼地伺候著婆婆的臉色一樣，真是壞心眼的乍暖還寒。

在早春的某個日暮時分，暖呼呼的白魚鍋好吃到讓人舌頭

＊原文爲「比良の八講、荒れじまい」。每年三月下旬自比良山吹的狂風，爲春季自然現象。而此時期正好是過去在比良山的天台宗寺院講解法華八講的時期。

＊原文爲「嫁おどしの寒さ」。出處自日本福井縣吉崎御坊願慶寺的傳說，傳說中有對夫妻獨子早殤，妻子爲了平復傷痛都會在做完家事之後的晚間，獨自前往離家四公里處的寺廟聽上人說法，引起婆婆不滿，爲了阻止媳婦，戴上鬼面等在半路，不料媳婦不爲所動虔誠念佛前往目的地。事

打結。但千要不要煮過頭，在白魚的顏色還白白淨淨的時候趕緊吃吧。煮過頭就會變成黃色了，魚肉也會變柴。

過了這個乍暖還寒的時節，木蓮花會一口氣朝天綻放，桃花開了，早櫻也一點點地開，再過一會兒，就會有花訊報春，京都的街頭巷尾終於也要變得優雅自得了。

大村

後婆婆返家，戴在臉上的面具卻取不下，結局有兩種版本，其一爲二者互相道歉前往寺廟遂而取下。

白和（しらあえ）

白和這道菜就像是白雪覆蓋下新芽的顏色，帶著淡淡的溫柔。在京都，雖然沒有「在白雪覆蓋下迎接春天」的景色，但是卻與居住在白雪靄靄的北國人相同，心情雀躍地期待著春天的到來。

以豆腐為衣的涼拌菜稱做「白和」。而京都是一個豆腐真真好吃的地方，只要學會了豆腐衣的做法，就可以用在各種菜色上，實屬方便。

把豆腐放在傾斜的砧板上，不用半天就可以完成脫水（水切）。將脫水完成的豆腐以布巾包妥，再擰除剩餘的水分，放入杵臼中，細心地搗成泥狀。為了要做出滑順纖細的口感，需要花點時間。在豆腐裡加入砂糖、鹽調味，以此為基本，配合食材的不同可以再加上醬油或是味噌、洋芥末。加點醋便成清爽的風味；將白芝麻搗碎至出油加入其中，就可以做出香氣四溢的白和。與白和搭配的食材，任何綠色蔬菜都非常適合，也可以仿效精進料理，將之與揉過鹽的紅白蘿蔔絲、乾炒過的蒟蒻絲，以及用熱水氽燙去油、切絲的油豆腐皮，全拌在一起，便相當美味。

最近在朋友家吃到了很特別的白和。是將小黃瓜與蘋果切成薄片，再搭配一點切成小小塊的起司，豆腐衣的味道有點特別，一問之下，才知道裡面加了磨碎的花生。聽說這是年輕媳婦的巧思。食材的搭配宛如沙拉一樣時髦，與豆腐相得益彰，做出了絕妙的一品。

白和滋味的根本在於豆腐，搭配的材料若有太重的腥味便不太合適。至多就是洗去多餘鹽分並切絲的海蜇皮，以及事先調味煮過的香菇，加上一點切成細絲的小黃瓜。如果要加海蜇皮，就得多放一點洋芥末，如此就是一道下酒菜了。

白和所使用的豆腐因為沒有經過加熱，所以一次不要做太多，做當天可以吃完的分量就好。

平山

荒布（あらめ）

每月二十八日，我家會煮荒布（一種褐藻類海藻）。本來應該是每月八日吃而已，也有人家只要逢「八」都會做。

曬到硬邦邦的荒布，經常是以袋裝販售。泡水、燙過之後會變軟，再與油豆腐皮一起煮。一般來說以醬油調味，不另外加糖，在隱味中添加一點點的味醂，就會變得特別好吃。以水泡發過的荒布，不用笊籬一口氣撈出，而是分次以雙手從水裡撈起，反覆兩三次後，雜質跟泥沙就會隨之掉落。再以鰹魚出汁煮之。

比較有趣的是，燙荒布的那個黑漆漆的水，一定要潑灑在門口或灶腳下方。我問年長的姨輩們為什麼有這個習慣呢：「啊～也不知道到底是怎樣，應該是這樣做就不會有人生病吧！」

我在京都的廚房是細長的形狀，地面是三和土或泥土地，長度貫穿到屋子的後方最後變成天井。在廚房裡會有井，沒有做天花板，屋上方有天窗，天窗上拴著繩子，在好天氣的日子裡會嘎搭嘎搭地把窗子打開。大灶上的架子供奉著精神飽滿的布袋神像們，頂著大大的肚子，依照高矮順序整齊排好。就算是有點心煩的日子，看到祂們的笑臉也不禁莞爾。

這些布袋神是伏見人形＊，最前方的最小尊，體型由前到後，依序地愈來愈大。每年新年期間，到伏見的稻荷神社參拜時，一尊一尊買回來。收齊了七尊，放在灶上當作火伏神供奉起來。

在布袋神行列的最後，擺放著花瓶，瓶裡供著荒神松＊。

＊**伏見人形**：流行於江戶時代前期，京都區伏見稻荷神社周邊販售的土製人偶。

＊**荒神松**：置於廚房守護神荒神前的松枝。敬神用途。

雖然說是用花瓶供起來拜神的，裡面就只有松枝與榊樹葉（紅淡比葉）的綠一色，但隨著季節更迭，瓶裡有時是嫩葉，有時添有榊樹的白色小花，亦有時，當光線由天窗灑落而下，光點會將葉瓣照耀得格外翠綠。

在布袋神、避火紙符（五大力神或秋葉神等避火的符紙）的圍繞之下，我的京都廚房開始了一年的運作。

就像是把這處當成一種興趣般，不論是櫃子或是柱子都整頓得光潔明亮……。不過就算如此，流理台的下方也總是帶著潮濕的陰暗。但是呀，在煮荒布的日子，為了要遵循習俗，把那煮過的黑漆漆的水潑灑在地上，就算是再不情願，也非得把地上整理乾淨不可。就結果來看，煮荒布的日子也因此替廚房的整潔添上了一筆功勞呢。

秋山

黃豆渣（おから）

每個月的尾日，家中會煮豆腐渣。所謂的尾日是指月底那天，在昔日，販售多以賒帳進行，因此月底那天會是非常忙碌的收貨款日。

有「錢箱見底的日子，就煮豆渣吃」的人家，就會有「將豆渣炒乾煮，財帛滾滾來」的人家。

無論如何，在缺錢的日子煮豆渣吃是絕對不會錯的。在豆腐店裡，會以簡直不要錢的價格，賣著彷如童話《猿蟹合戰》中巨大飯糰分量的豆渣。

而就算是這樣的豆渣，也有程度上的粗糙細緻之分，最最濕潤好吃者，要去做生豆皮（生湯葉）的店裡買。這種東西如果不是在京都，我想應該也不是那麼容易買到。到豆腐店裡跟老闆說要細豆渣，應該可以到手。近年來大家都不喜費人工的事，這些豆渣都變成養豬的飼料，會有卡車四處去收。雖然說煮豆渣有點費事，不過試試看在自己家做吧，如果做得好，真是一道美味非常的菜餚，樸實簡單，像個孩子般吃得津津有味。

將地瓜切成小骰子狀，蔥、胡蘿蔔、油豆皮、香菇等配料也切得小小的，與出汁一起煮軟，調味成令人舒服溫和的味道後，放入豆腐渣，以木勺細細拌炒。

關於出汁，的確，若取用品質好的小魚乾，並細心地將頭與內臟摘除，乾炒之後切碎，就可以做出美味的出汁。不過，善收尾以及難以言喻的挑嘴，正是京都人的看家本領，就算是烹煮這樣廉價的豆腐渣，也能用昨天煮魚剩下的湯汁加以調味，歡喜地做出奢侈美味。

「要說好吃，當然以龍蝦煮物的湯汁最美味，煮章魚的湯汁也好吃，而煮沙丁魚的濃郁風味又是另外一種美味。」

做老闆的說得一嘴美味，結果煮出來的豆渣隨隨便便，底下人看了心裡不知道有多不是滋味。吃飯的時候，也不會像以前一樣，一聽到有人喊自己，便馬上放下筷子站起來。特別是在尾日這一天，失望地加點開水攪和著炒豆渣快快地把飯扒完。

在這個春光燦燦的季節裡，飄蕩在空氣裡黃豆渣的氣味，竟然有種滑稽的悲傷。

秋山

四月

◉ **十三日** ——十三參拜。虛歲十三歲時，不論是男孩或女孩，都要到嵐山的虛空藏法輪寺參拜，祈求開智慧。此時要準備十三種點心，讓孩子們享用。

◉ **其他** ——新的「漬油菜花」上市，鯛魚也變得美味了。京都的四五月是筍子的產季，一挖出來就馬上吃最是美味。

花漬（花づけ）

油菜花的漬物，在京都稱做花漬。

在天地都被和煦春光包圍，雲雀輕啼的季節裡，田裡是一望無際的黃色，那是油菜花盛開的景象。上小學與遠足的日子，也曾經走在田埂上，穿梭於盛開花朵的間隙之中，肩上揹著一條揹帶，揹帶的一頭拴著鋁製的杯子，嘎加嘎加地響。走著走著大家都累了，灰頭土臉的，連話也變少了，就這樣一路走過小溪上的土橋，穿過一片澄黃的油菜花田……。這令人懷念的回憶，是我心中屬於日本的春色。

這盛放的春色，也走進了廚房裡。

在春天，蔬菜的種類一口氣增加了許多，其中帶著鮮活春色的漬物便是花漬——只採摘油菜花的花苞，用鹽巴醃漬而成。將燦黃的花漬放在砧板上，以刀劃十字，輕輕地剝散開來，用春天顏色的小缽盛裝。

最近的花漬似乎比較多是綠色的一夜漬，本來的顏色應該是玳瑁色（褐色）的，我自己偏愛後者。滿滿一大木桶用鹽巴壓得嚴嚴實實地發酵，裡面有可愛的花苞，也有盛開的黃花，等到全部都變成玳瑁色時，也就透出了滋味。

曾聽聞在洛北（京都北部）松崎一帶，農家在油菜花盛開的季節裡，經常過度勞動，那是因為油菜花昔日是做為榨油的作物。油菜花醃漬後會變黑，為了改善這種狀況，近來聽說有人種植其他十字花科植物來取代之。漬過的油菜花，花苞咬起來有嘎機嘎機的顆粒感，似乎也帶點油味，我想，可能就是因為它本來是用來榨油的關係吧。

我的性格是看到什麼都想動手做做看，不過油菜花漬我是決計不會想嘗試的。一來是因為花朵不易取得，就算可以取得那樣細緻的花朵，我也想不到該用多重的重石去壓它。這花漬是春天的產物，在那短短的期間才能享受的漬物，我想我還是專程去趟松崎，跟農家買吧。

平山

麩（ふ）

「唉呀～不好意思，我想買一點麩先生。」

行經春光燦燦的雜貨店前，傳來悅耳的交談聲。女子小巧的口唇倘若要咬字清晰地發出「麩」（ふ）這個單音並不容易，京都人習慣會把它稱作做「麩先生」（ふうさん），或是將音節拉長。這樣的柔順的稱呼，似乎也與麩本身的滋味有些般配。生麩的質地柔軟，滑溜滑溜的，咬起充滿嚼勁；而烤過的烤麩，卻跟鯉魚飼料一般，蓬鬆鬆沒骨頭似的，談不上好吃。但說也奇怪，一旦料理中加入麩，便也在其中增添了一抹優雅的京都風情。

麩的原料是小麥，將富含蛋白質的小麥碾成粉，添加水與鹽巴充分揉上筋成為麵團，麵團放入笊籬中以清水洗去其中的澱粉，最後剩下具有黏性的蛋白質，將之加工後就是生麩。

孩提時代，如果能在當作伴手禮的宴會餐盒裡，找到做成花朵或楓葉形狀的麩，便是一件快樂的事。與切成細絲的銀杏、蓮藕、牛蒡一起妝點出餐盒裡的季節詩意。透明的羊羹果凍中的生麩，彷彿直接將大自然搬了進來，早春的梅花、櫻花、桃花，充滿季節感地輪番出現；當夏季滿山水潤的嫩綠色，轉成了青綠色，果凍裡的麩便替換成水珠與綠楓葉，而楓葉漸紅時，麩也會做成高雄町的楓葉，讓人感受到時間的流轉。正月的麩有時也做成手毬＊模樣，代表著新的一年即將到來。

最好吃的是麩麻糬。那是裡面包著清爽的紅豆餡，以竹葉捲起來的淡綠色甜麻糬。也有做得稍硬，需連同竹葉一起在網子上烤過後才吃，這樣的吃法亦別有一番鄉土趣味。

＊**手毬**：源自中國，初起爲男子間的遊戲，玩法亦與中國唐代的蹴鞠相似，後演變爲新年時的遊具之一，以漂亮的色線裝飾而成，流行於女子之間。也是新年的代表性物品之一。

相較於蒸炸生麩的寡淡滋味，精進料理所用的麩，添加了粟米、蓮實、青海苔、芝麻等，特別讓人歡喜。這些加了味的生麩，通常會做成羊羹般的長條狀販售，買回家後，可以切成適當大小，或做成煮物、鍋物，或以油炸佐天婦羅沾醬，都十分美味。

將生麩做成棒狀並烤過，就是一般家庭用的烤麩，耐保存，是非常方便的食材。以水還原之後，可以加在味噌湯裡，或做為壽喜燒的材料。若當作嬰幼兒的離乳食品，或腸胃不適時的點心亦成。

總的來說，京都人口中的「麩先生」，不僅可以是松樹或花朵的造型與顏色，又可以是細長膨鬆的樣子，這樣靈活多變的模樣真是像極了孩子呢。

秋山

櫻餅（さくらもち）

大約在昭和二十年（西元一九四五），令人惶惶不可終日的空襲警報響徹整個春天，因戰爭而糧食匱乏的我，經常在荒野中摘取艾草、野芹果腹。比起春天滿山遍野的蒲公英、紫色的堇花，看似饒富詩意的舉措，對當時的我來說，填飽肚子才是每日的當務之急。

當時雖身處明媚春光的恬靜中，心情卻輕鬆不起來。一棵恰逢燦爛的櫻花樹在眼前盛開，周遭卻沒有歡愉欣賞的人影。面對這樣本應令人讚嘆的美景，心中卻反而感到厭煩。某次，我將隨手摘下的櫻花葉靠近臉頰旁，那撲鼻而來的香氣沁入胸中，憶起櫻餅的香氣、鹽漬過的櫻花葉，以及甜蜜的紅豆餡的滋味，差點使我落下淚來……。

那遙遠得像是一場夢的曾經啊！

陷入回憶中的我，發現眼前點心菓子屋的玻璃櫥窗裡，已又擺上滿滿的菓子了。艾草糰子、椿餅、花見糰子、蕨餅、鶯餅、桂皮糕（ニッキ）與白色的御新粉麻糬、六方燒、田舍饅頭。還有我最愛的櫻餅。

就像春天在草原上盛開的花朵一般，每每看到這些色彩繽紛、品項豐富的甜點們，就覺得非常感恩眼下和平的日子。這樣的想法，對於不了解所謂貧乏為何物的世代而言，或許會覺得這女人整個腦袋裡都裝著食物也說不一定。

就算同樣是櫻餅，有的是將道明寺粉染成淡粉紅色做成外皮，裡面包著紅豆沙，在最外面用鹽漬的櫻花葉包起來的京都風；也有的是將白玉粉以水調勻，加入砂糖與麵粉混合成麵糊後，以小火烤成薄皮，以其包紅豆餡的東京風櫻餅。

京都的點心就算是櫻花的粉紅、艾草的綠，都是與古都風情互相輝映的淡色。而有些地方，食物卻有著令人驚訝不已的重彩，我想，那是因為身處於抑鬱天空與厚重積雪的環境中，自然會對使人精神為之一振的濃厚色彩產生喜愛吧。

四月八日是慶祝釋迦佛陀的誕生的佛誕日。在名為花御堂的小佛龕中安置誕生佛像，以竹製柄勺舀取甘茶澆灌之。

「在佛誕日這一天去到澡堂，店家會提供甘茶喝喔！」

「就算是再怎麼喜歡甜食，甘茶＊的甘也還是帶著草藥味啊。」

秋山

＊**甘茶**：以山紫陽花（ヤマアジサイ）將其葉、莖製成茶葉後沖泡的茶，味道不甜。

十三種點心（十三種のお菓子）

四月十三日是「十三參拜」（十三参り）的日子。在京都，不論是男孩還是女孩，到了虛歲十三那一年，都要到嵯峨嵐山的虛空藏法輪寺參拜，只有日蓮宗的信眾要到上牧車站的本澄寺參拜。

十三歲是要成為大人的年紀。往昔，若是女孩也差不多來到初潮將至的年齡了。近年的孩子較早熟，到了十三歲時，差不多都已經來了初潮，或許正因如此，與女孩子有關的慶祝活動也會比較盛大。在京都的七五三節＊並不如關東地方的盛大，也不是沒有慶祝，只是不如十三參拜受到重視。女孩子在十三參拜的時候，會第一次以本裁製法＊製作和服。年輕女子專用的振袖款式，身寬會預留多一些縫分，再配合身形尺寸縫至恰好，袖長也多預留些空間，以便日後改大。這一天，孩子們都會穿戴隆重、盛裝前往參拜，是一件極為慎重的事，雙親們也為此操勞忙碌著。家境條件好的人家，會使用特別訂製的布料製作和服，做工精良的衣裳穿在身上頗具分量，但也令人愉悅不已。隨著緩緩地行進，腳上穿的木屐嘎搭嘎搭作響，徐徐地過了渡月橋，來到嵐山保津峽一帶，此處正綻放著白色的櫻花。

據說，在虛空藏法輪寺可以獲得「智慧的能力」，在參拜返程且尚未離開寺院境內前，如果回頭看，甫求得的智慧便會被收回，所以不論是父母或小孩子，大家都謹遵「不管發生了什麼事，也決計不能回頭」的教誨，朝歸途邁進。偶爾，走在前頭的孩子會突然被呼喚名字，被叫到的人，一臉嚴肅地朝天斜視，加緊腳步往前行。這天是

＊**七五三節**：日本的新生兒出生後百日之內，要到家裡附近的神社跟神明報告新生兒的出生。而往後的七歲、五歲與三歲要到神社參拜稱為七五三詣。據傳源自平安時代宮中習俗。

＊**本裁製法**：使用一反的布匹（成年人和服所需布量），並以成人製作和服的方式製作。

春日裡孩子與家長們輕鬆愉快的一日。

舉凡聽說誰家的孩子參加了十三參拜，親友們也會幫襯著慶祝。贈與的禮物不再是哄小孩般的東西，而是贈與正式的賀禮，諸如木屐（おこぼ）——用現今的說法應該是草履（ぞうり）——筥迫（はこせこ）＊、紅寶石的戒指等等。除了禮物之外，親友們也會延請嵐山附近的料理店，請他們提供膳食，讓參拜歸家的孩子享用。在當時，這樣盛大舉辦的人家不在少數。

在好久好久以前，聽說十三參拜要準備十三種點心讓孩子吃。不過這應該是年代非常久遠的事情了，還記得這件事的人也好像都不在了。

到底在當時要準備怎麼樣的點心呢？我真想知道啊～

平山

＊**筥迫**：女性穿著和服時，所使用的信封形小包包。

豆腐湯（おとふのおし）

日復一日地思考著今日要做什麼菜色，真是令人頭痛啊。每當我想不出來要煮什麼，就會想起諺語：「想不出來要演啥戲碼時就演忠臣藏，想不出來要煮什麼時就煮豆腐湯。」以前的人真是挺有道理的，想不出吃啥就吃豆腐。好！今天的菜色就吃豆腐吧。

京都女子與豆腐，兩者之間真是非常般配，又柔軟又細緻，而且還清冷。就像那句俗諺一般，以鴨川的水清洗……＊，以京都之水養育似水般的京都女子呀。而且，正因為京都的好水質，也才能做出一流的豆腐。

＊完整的話爲「鴨川の水を産湯に使うと美人になる」，意指「以鴨川水清洗新生兒，會讓孩子變美人」。

話說豆腐，無論是誰都能接受的。湯豆腐也不錯，而且如果做成湯，更簡單更省錢。把豆腐放在砧板上去水，如果是要做一般的味噌湯，豆腐用手捏碎即可。盛湯後再放點切好的鴨兒芹梗，或撒上一些山椒粉。

若味噌湯用的是白味噌，豆腐就切成小丁，湯裡放一點點提味的黃芥末，最後放入一片山椒葉讓它在湯上漂，顏色就會很漂亮。而用湯勺舀成形的豆腐，最適合搭配清湯，並放點切碎的蔥末讓味道突出。就算是尋常的豆腐湯也不要輕率，料理重要的是「愈簡單的東西，要做得愈細緻」。

對了！我想到素來也有「巳壽司、寅蒟蒻、卯豆腐」的說法。想不出來要煮什麼的時候，就翻翻日曆吧，在巳日做壽司，在寅日用蒟蒻，而卯日就吃豆腐，用這樣的方法來決定每日餐食也可以。但是，近年來的日曆已經少有標示干支了，著實有些不便。

與豆腐相關的，還有另外種說法：「家主的茶屋尋歡，我的豆腐湯。」

「家主的茶屋尋歡」指的是生意上的應酬，有的是招待客人的娛樂，有的是以社交為目的。這些都不會鉅細靡遺地跟女人家解釋，而可以分清楚並妥善應對者，則會被稱為稱職的女子。如同豆腐清湯一般，身為女人的辛苦，也是有那麼一些不容易。

大村

琵琶鱒（あめのうお）

花落之後，剛冒出的嫩葉散發沁綠香氣，在溪水上倒映出點點浮光，蒼蠅的幼蟲也隨粼粼水波閃閃發著光。

京都是一座擁有美味河魚的城市。在隔鄰廣闊開展的琵琶湖裡，可以捕獲各種魚類與貝類。由於和海邊相隔一段距離，鯉魚、暗色頜鬚鮈、琵琶湖鰉魚、蜆、琵琶湖冰魚、稚香魚、琵琶湖烏貝（褶紋冠蚌）、鯽魚、鰻魚等，從以前便是餐桌上經常可見的河鮮。與海魚相較，河魚的味道大多清淡細緻；連體型都如祇園舞伎的指頭一般纖細修長。

河魚帶有獨特的河藻味，喜歡的人無論如何就是喜歡這味。

就算是位處室町附近店家的大店東，店裡頭上自掌櫃下至雜役，聲稱自己的故鄉是在滋賀縣的人也決計不算少。近江商人忍耐力強、勤儉、明辨道理，在京都經商得有聲有色。

將剛捕獲的香魚做成香魚炊飯，把鯽魚做成佃煮昆布卷，醋漬烤抱卵暗色頜鬚鮈的美味，也是從這些來自滋賀的人那裡知道的。

「話說回來，琵琶鱒不知道現在都跑去哪裡了？」

只要開始聊到美食的話題，就一定會有人提到這事。天然琵琶鱒那一尺餘長碩大的身影，橢圓形立體斑點的側身，略略戽斗的下唇，切開後呈現桃色的魚肉……鱒魚科的琵琶鱒在戰後完全消失了蹤影。

將琵琶鱒切成圓片，做成甜鹹甜鹹的煮魚，雖然是脂肪較多的魚肉，卻一點也不油膩。只要一到了松茸出現的秋天，琵琶鱒便會產出許多魚卵，這些魚卵帶著粒粒分明的口感，又是另種美味。雖說我並不是特別喜歡河魚，但孩提時代在我心目中，唯有琵琶鱒煮魚與長得像南天果實的魚卵，能勝過肉的滋味。

關於消失不見的琵琶鱒，我曾問過不少人，有的人說琵琶鱒就是體型大的石川鱒魚，也有說可能是山女鱒的別稱、虹鱒的親戚，眾說紛紜，沒人說得清楚。

但是左思右想，琵琶鱒都是身長一尺多、下巴戽斗，生長在注入琵琶湖中的河川裡，且只能在水溫低冷的北面才能捕到的魚啊……。

當山上的冰雪融化，帶來豐沛水量潤透岸邊水草的晚春之際，脂肥肉美的魚兒啊，你到底去了哪裡？

秋山

蒟蒻關東煮（おこんにゃのおでん）

「你好啊～おでん桑。你從哪裡來的啊？我從遙遠的地方來呀……綁緊了繩索，搖搖晃晃……托京都三条蒟蒻店的若兵衛照顧，從早到晚泡在熱湯裡，泡完湯，再畫上一點妝，塗上一些甜甜的味噌、撒上一點青海苔、山椒粉，嘿～熱呼呼的おでん桑正是在下～」

與花訊一起來的，是賣關東煮（おでん）的大叔。他挑著潔癖般整齊清潔的擔子，在每年這個時候準時報到。那清晰的叫賣聲猶言在耳，但我卻怎麼樣也記不起來那完整的句子。大叔賣的關東煮一份有三串，售價是十文錢。

近來，おでん這名詞似乎專指「關東煮」，不過在我們京都，所謂的おでん是指將豆腐與蒟蒻用竹籤串起、塗上甜味噌，寫為「田樂」的食物。

田樂原本是指插秧時的古樂舞，據說是法師的一種技能。法師舉著長棒起舞的樣子，與被竹籤串起的豆腐與蒟蒻相似，故此得名。

蒟蒻關東煮的蒟蒻是切成方形的，兩塊一串以竹籤串好，在熱湯裡面涮幾下之後，擦拭乾爽放在盤子裡，接著淋上煮得甜甜的白味噌醬，最後撒上青海苔或山椒粉。

關東煮所使用的味噌醬是絕對關鍵。隔水加熱，耐心地煉煮而成，如果用直火加熱，很容易煮焦，所以要用大鍋子一邊煮著熱水，熱水中放入小鍋，在小鍋中放入白味噌與味醂、砂糖混合好，慢慢地、慢慢地攪拌煉煮。要用的時候，以高湯化開就可以了。

「嘡～噹噹」「嘡～噹噹」，以小鑼與太鼓的聲響擬音稱其名的壬生嘡噹，非常受孩子們的喜愛。而模仿著壬生狂言中的劇目《炮烙割》（ほうらくわり）或《土蜘蛛》（くもの巣），表演者吸睛的動作，玩鬧著的春夜裡，傳來了關東煮悠哉的叫賣聲。關東煮真是如同花樹下的小茶攤那般，悠閒的鄉里滋味啊。

大村

山藥泥（とろろ）

春天來了，屋裡屋外已是一片生氣盎然。晾在二樓圍欄上的墊被，被春陽曬得鬆暖鬆暖，家裡後方小小的空地上繁縷的小白花，也約定好似的一同綻放。

今晨，知恩院的山鳩傳來了召喚似的咕咕、咕咕啼叫聲，而我卻不知怎地全身乏力。

想是因為受風寒感冒的緣故，又或是氣溫突然間驟升，春日暖陽過於耀眼……只要家裡的塵埃一變得顯眼，我就坐立難安。又是想擦擦窗戶，又覺得走廊的地板也該抹乾淨，和服的衣領髒了，貓毛也變稀薄……連身上穿的一身冬衣都有說不出的疲憊。

心裡雖然是這樣想的，身體卻怎樣都勤奮不起來。

不如，今晚來吃點冰冰涼涼的、奢侈的菜色吧——切得厚厚的鯛魚刺身，淋上雪白的山藥泥，最後佐以磨成泥的山葵。

山藥依照其根部的形狀，有著各種名稱，諸如薯蕷、長芋、銀杏芋。山藥應該是日本的特產吧，亦有在山野中自然生成的，就叫做自然薯。

不管是哪一種，要做成山藥泥前都需要仔細地削除外皮，磨成泥狀。將山藥泥放入研磨缽中，加一點點酒，細細地又磨又搗，磨研成滑順膨鬆、充滿泡沫的好口感。

山藥泥可以直接淋在刺身上，或做成山藥泥蕎麥麵，如果加上蛋黃，亦是身體微恙時極好的滋養餐食。另外，如果將施以薄鹽並切成細條狀的馬頭魚刺身，及小黃瓜薄片一起拌勻，加點三杯醋*調味，最後在上頭現磨一點山藥泥，做成的小菜也很受年長者歡迎，吃起來又軟滑又清涼，非常合適做為賞花時餐桌上的菜色。

磨好的山藥泥以略鹹口的出汁調稀，就是山藥汁了。也有人喜歡以此做成味噌湯。雖然比較常見的是麥飯與山藥泥的搭配，但是就算只加入一點青海苔，淋在熱騰騰的白飯上亦十分美味。

山藥拌海苔也是一道十分適合春季的菜色。將切成火柴棒大小的山藥，以醋水浸泡殺青，略略烤過的海苔以手揉碎，將兩者混和後以二杯醋調味，最後用筷子攪拌至產生納豆般細緻的泡沫，以及非常爽脆口感，就是一道極好的下酒菜。

＊**三杯醋**：醋、醬油和味醂以一比一比一混合而成的調味醋。

鯛魚（たい）

一年一度，總有一個可以大快朵頤鯛魚的日子。

從四月底到五月的這段期間，是瀨戶內海的鯛魚豐收時節。在這個被稱為魚島的季節裡，瀨戶內海有豐富的魚汛，一家人往往趁著物美價廉的此時，暢快地打牙祭。我們稱之為「盡情享受美味鯛魚」的時期。

一整條的鯛魚有各種吃法，為首的當然是做成刺身。硬挺到幾乎咬不動的活魚，肉質特別鮮甜。做成鯛魚刺身澆上山藥泥，或做成鯛魚刺身拌山葵——將鯛魚刺身切成方塊，佐以剛落花的迷你小黃瓜一同涼拌，最後將烤過的海苔捏碎拌進去即成。

在隨便動一下就會流汗的季節裡，以醋調味的鯛魚十分清爽，做成酸酸的醋拌鯛魚昆布結（こぶずし）就很不錯。鯛魚刺身以一小撮鹽巴醃過後，切成細細的條狀，與昆布結一起淋上些許二杯醋。這道菜也加一點小黃瓜拌一拌，昆布的鮮味滲透到鯛魚時最為美味。

魚頭與魚骨也不浪費，可以鹽烤、做成煮物，也可以煮湯。一尾鯛魚，又想做成這個又想做成那個，真讓人拿不定主意呀。

這個季節的鯛魚卵也相當好吃，煮好之後跟小芋頭的煮物搭在一起。雌魚在五月中旬產卵，魚體本身會變瘦，在此之前，不僅抱卵還肥美。雌鯛魚是粉櫻顏色，臉也長得溫柔；雄魚顏色偏黑，一點都不可愛。產卵後的雌魚會一口氣變瘦，雄魚則會變得好吃。

無論是吃飯或穿衣，京都人嚴守著與四時的約定度日。在這個時節，我們一邊自嘲地說「連貓也不吃」——把鯛魚吃得乾乾淨淨，殘渣連貓也不感興趣——一邊把鯛魚連同魚骨吃得乾乾淨淨，一點也不剩。今年的「盡情享受美味鯛魚」活動，愉快地落幕了。

而在「盡情享受美味鯛魚」結束後，心裡緊接著期待下一波高潮：鯖魚壽司。不過近年來，瀨戶內海比以前髒，不如往昔般可以盡情享受魚島的豐收，倒也是真的哪。

大村

款冬（蜂斗菜）（ふき）

京都風料理的菜色中，常會出現款冬（蜂斗菜）的煮物，其口感十分爽脆，烹煮時還細心地保留了鮮綠的顏色。

款冬原本是生長於山野的山菜，經人工栽培後成了常見的蔬菜，獨特的澀味十分明顯，就算是一般人家自己做成料理，也做不出店裡的好味道。我也曾向店家請教做出美味款冬的祕訣。以下就分享給大家。

先煮開一大鍋水，接著放入帶皮的款冬燙熟，如果用的是小鍋子，可以將長度對半切，順便放一片葉子進去。以指頭捏捏確認，在略略感到似乎還有點硬的程度時就撈起，接著以活水冷卻降溫。等變涼之後才去皮，「咻～」

的一聲將表皮撕下，就會露出水嫩的款冬嫩肉。我總會在這時想起那句俗語：女人脫了一層皮之後會變美，大抵就是指這樣吧。

去除澀味的款冬，可以開始烹調了。首先，拿個鍋子將出汁煮滾，加入一丁點兒的醬油，以鹽巴、砂糖調味後，把一整根款冬直接擺進鍋子裡煮，等到鍋子裡的湯汁再度沸騰、默數約至十時熄火，靜置放涼。裝盤時，將煮好的款冬整齊切成四到五公分的小段。

不過，就算是遵照指示調理，我也很難煮出漂亮的顏色。然而當季新鮮的款冬，以醬油跟砂糖依照自己的喜好烹煮，就算顏色與口味都有些濃郁，卻還是很好吃。拿煮魚的煮汁做成配菜也不會太腥，或是搭配高野豆腐做成素菜也很好。把款冬的葉子燙過之後，用力擰乾水分，切成碎碎的細末，多加一點柴魚片以佃煮的方式烹調，也別有一番風味。亦可以與小魚乾一起煮(小魚乾去頭之後，以手指掰成兩段)，雖然說稍嫌家常，但味道卻挺不錯的。款冬的葉子帶著一點朦朧微苦的風味。雖然如此，卻與這令人倦怠的晚春時節十分相得益彰。

最近這陣子，我都一個人吃午餐。將昨日晚餐剩下的煮款冬做成熱湯，再次加熱過的款冬口感變軟，很適合細細地品嚐。慢慢地吃著午餐，沒有誰會來打擾、催促，這樣子也算幸福的一種樣貌吧。

平山

番茶(ばん茶)

手腳麻利的白川大嬸,總是一襲紺藍色手織木棉和服。她將下襬撩高固定好,在腰間綁上做為圍裙的絣織布圍,把礙事的和服袖子挽起以繩子固定整齊,手帶袖套,綁著的頭巾散發出泛白的氣味,腳下穿著方便工作的綁腿足套。

她拉著滿載菜籽、金盞花、鳶尾花、貓柳、滿天星等春季花草的雙輪板車,從比叡山腳下的北白川出發來到京都市區叫賣。在放置荒神松枝,或供佛用花束的大竹籠裡,底部會有個馬蹄鐵的罐子,裡面裝滿焙烤得香噴噴的番茶。大嬸以早已過時的木枅*計量販售之。夾雜著大片乾燥的茶葉與短小茶梗的番茶，發出乾燥的沙沙聲。

濃綠的玉露茶與煎茶雖是位處洛南的宇治特產，但真正日常飲用的番茶，據說從以前就是與鮮花一起，透過白川的大嬸們步行至京都兜售。

從父母那一輩就與大嬸相識的客人不在少數，熟了以後就會一起喝茶閒聊，甚至說媒談親的好關係。遇到家裡沒人在的時候，大嬸會在屋外紅格柵那約定好的角落，把供佛用的鮮花放好才離開。

在煮沸的熱水裡加入茶葉，讓茶湯稍微滾一下，泡出來的番茶真是好喝。

茶湯溫和不傷胃，據說婦女在生產前後都很適合飲用，用來取代給小嬰兒喝的冷開水，或是手術之後都可以喝。當然，做為家庭日常飲用的茶品，番茶也是物美價廉得令人歡喜。

＊**木枡**：亦稱一合枡、木製四方的盒子，爲計量工具，一個木枡爲一合，重量爲一五〇公克容量爲一八〇毫升。

新茶於每年的八十八夜*進行第一次的採摘，據說一年大概可摘取四次，新芽是等級最高的茶，而任其自由生長的枝葉、連枝帶葉割取收成的，便做成番茶。將這些枝葉蒸過，直接陰乾，以稻草捆妥置於倉庫保管。要賣的時候才加以烘焙乾燥。

北白川產花的鄉里，現在蓋了許多摩登時髦的房子，就算如此，也還是會有將稻草墊子攤平在地上曬茶的人家。

「對門家那個嫁到東京的女兒聽說有寶寶了，番茶對孕婦很好，就跟我買了點帶回去。」賣花的大嬸在閒聊間把零錢收進大布袋裡，繼續拉起她的花車沿街叫賣著。

「買花～買番茶～要不要買點花啊～」

*八十八夜：自立春為第一天起算，第八十八天稱為八十八夜。

五月

◉ **五日**———鯉魚旗在天空中飄揚，屬於小男孩的節日充滿朝氣。準備柏餅與粽子供神，大家一同享用。此外，這一天也會以菖蒲入浴。

◉ **其他**———四月、五月是有節日祭典舉行的月分。遇到節日要做「鯖魚壽司」。此時也是鯖魚美味的季節。吃一點這裡的鯖魚壽司，再吃一點那裡的鯖魚壽司，比較一下味道，真是好不熱鬧。

生鰹節（なまぶし）

三面環山的京都，只要一到抽新芽的季節，滿山盡是耀眼的青綠。然而，就算在比叡山的山頂、鞍馬深處有黃鶯悅耳的鳴唱，對京都人來說，都遠不及此時此刻吃鰹魚來得重要。而比起此時的初鰹＊，生鰹節更合京都人的胃口。

生鰹節，是先將鰹魚兩側的肉片下，再將其背部與腹部的肉分開，一條鰹魚分成四片清肉，蒸煮而成。在不靠海的城市，比起生食，如此處理過更讓人安心，且口味的好惡上也比較習慣，這樣的吃法能帶出生鰹節樸素的滋味，也被稱之為山

＊**初鰹**：鰹魚產季一年有春秋兩次，春季的鰹魚稱爲初鰹。

國的風味。

風味清爽的是背部，帶著油脂的是腹部。顏色雪白的最新鮮，魚肉也十分緊實。新鮮的生鰹節，切片之後以熱水稍微燙過，佐以白蘿蔔泥或嫩薑末醬油享用，最是好吃。

生鰹節如果拿去煮，魚肉雖然會有點柴，但可以加入「酒塩」（さかしお，也可稱為料酒，將酒當作調味料使用），煮成甜甜的味道，再以這個煮過生鰹節的湯汁來煮配菜。配菜的話可以搭配時令的款冬，或者烤豆腐。烤豆腐尤其好吃，煮生鰹節的湯汁統統會被烤豆腐吸走。或許是因為想吃這個湯汁煮成的豆腐，才煮了生鰹節也說不一定呢。

做為主菜的生鰹節本身有一定的分量，搭配它的配菜也多做一些的話，就可以吃得很開心。生鰹節是在這種種細節都一起考慮進去之下，進行製作成的。由於這道菜沒有魚骨，就算是老人或小孩都可以吃得安心。

有次，在準備給禪宗修行僧的飯菜時，事先說明了「這是我們所準備的菜飯」，上了這道菜——我想僧侶們應該是不太擅長吃魚，所以特意準備了沒有魚骨的菜色。不過最後，他們以茶水刷洗餐具時，將茶倒入器皿中，連同煮魚的湯汁都喝完了，這倒是難為他們了。

當長襦袢＊的衣領，換上了竹皺織模樣時，五月已翩然而至。而這樣的季節感，今日已經漸漸式微，但與新芽香氣一起走近廚房的，是生鰹節——五月誘人的當季美味。

大村

＊**長襦袢**：穿和服時最裡面的那一件長的薄襯衣，衣領可替換。

柏餅（かしわもち）

以草木的葉子包裹食物，是古早時候人們的智慧。在最初應該與美化裝飾、附庸風雅無關，只是拿身邊最容易取得的材料，像包小孩一般包住食物而已。使用竹葉、柏葉等葉子，後來才突然發現某種樹木的葉子，對食物帶有防腐的成分。

現在，都市生活的我們已遠離大自然了，連青草的香氣都漸漸遺忘，也不太清楚樹木的名字。

但是，因為小五月節必然會吃的柏餅，我們對柏樹葉不是太陌生，記得那個沁人心脾的香氣，以及有著明顯輪廓、大大的葉子。

把柏餅拿在手上，柏葉的包法可分成兩種。一種是以摸起來粗糙的葉子反面來包，一種是以光滑的正面來裹住。白味噌豆餡的摸起來是滑的，紅豆餡則摸來粗糙。也因為這樣，當我們撕開紅豆餡柏餅的葉子時，餅皮才會光滑漂亮。

白味噌餡，是白豆餡和白味噌再加上砂糖充分混合過的餡料，這種口味在京都似乎比較受歡迎。咬開之後的玳瑁色餡料，在唇齒間盈滿屬於大人的成熟風味。

柏餅的餅皮，則是米粉做的。在粉裡面加入溫水，揉捏成團拿去蒸，蒸熟後，趁熱充分搥搗，直至軟硬適中、能延展成女子掌心大小的程度，包入餡料後對折，再蒸一次，蒸好冷卻，以柏葉包起來。

柏餅，據說是江戶初期才開始出現。

端午節會吃的，除了柏餅之外還有粽子。最一開始，粽子是用白茅葉包，有除厄的意涵。而使用竹葉做成現代為人所知的樣子，據說是由京都專門與皇宮內做生意的和菓子店「川端道喜」最先開始的。店裡做的粽子分成加了葛粉的水仙粽，以及將葛粉與紅豆混和做成的羊羹粽兩種。在其他和菓子店裡所做的粽子，粽葉裡包的是做成錐狀的米粉糰。

不管是哪一種粽子，放進嘴裡時，竹葉所散發的山野芳香，卻同樣教人懷念。

身穿鎧甲頭帶頭盔，騎著馬的將軍啊＊，日復一日地不知道肩負了多少疲累。而在今日，我也要稍稍忘卻人世間的紛擾煩心，吃點柏餅、吃點粽子，舒舒服服地泡個菖蒲澡吧。

秋山

＊**端午**：日本的五月五日是「端午節句」，亦稱爲「菖蒲節句」，江戶時期後權力中心由貴族轉移至武家，因菖蒲與尚武日文發音相同，武家以此日祈求後繼男丁平安成長，這天代表性的慶祝物品中，有鯉魚旗、頭盔與鎧甲。

嫩竹筍（わかたけ）

早晨鮮採的竹筍，在當天就送到自家廚房，這真是住在竹林環繞的京都才能有的福報。剛掘出來的筍子是白色的，根部突起的顆粒也是水嫩的紅。我還聽說如果是從土裡面挖出來，還沒冒出頭的叫做筍，那可真是柔軟細緻；如果說筍尖已經從土裡冒出頭來的，那就會是竹子了。不過我也只是聽說的，是不是真的我也不知道，就是覺得挺有意思的。

吹到風的筍子會變硬，所以要小心地避免吹到風，並用最快的速度下鍋煮熟。我想是因為和時間賽跑，煮筍變成一件大事，得把其他事情挪開，專心為之。筍殼一片一片地剝下有些費事，垃圾的體積也會增加。技巧是順著筍子縱向深深切一刀，兩邊一掰，就可以把皮剝下來。新鮮的筍子質地相當柔軟，連指甲一掐就會留下痕跡，如果說是在自家旁挖到的，那長得大一點的就可以馬上縱切兩半，立即放到白水裡煮好。

所謂的白水，是指洗米水，或抓一把米糠加在清水裡。筍子的根部用鐵籤穿過，以大量的水煮，煮好後直接泡在熱水裡放涼。

鳴門產嫩海帶芽上市的時間，比筍子要早上一點點，海帶芽搭筍子是非常好組合。有的是將海帶芽、做成煮物的嫩筍，加上許多出汁做成湯品。先將泡發的海帶芽放入昆布與柴魚煮成的出汁，煮滾之後放入筍子，再加點薄口醬油調味。如果是做煮物，筍子就切厚一點，做成湯的話，就切薄片即可。

雖說嫩竹筍趁熱吃不錯，但是冷卻後的嫩筍又涼又滑，在滿身大汗的季節裡吃特別舒服。而且筍子味甜，混著加了海帶芽滑溜的湯汁，不太需要什麼調味料，那自然風味是真正的好滋味。

在以前，我們會拿筍子內側的嫩皮，包住赤紫蘇做成三角錐型吸著玩。我到今天還記得，筍子接觸到唇邊的清新香氣。玩著玩著，筍子的皮會漸漸染上赤紫蘇的顏色，變成淡淡的紅色。

每年只要一到春天，就會有遷居東京的朋友對我叨叨絮絮，想回來京都，放肆盡情地吃筍子。

大村

鯖魚壽司（さばずし）

在京都的祭典中，每年的四月十日（現在則是四月第二個星期天）會舉行「安樂祭」（やすらい祭）。安樂祭是為開頭，而到了每年十月二十二日所舉行的「時代祭」，則是祭典的尾聲。而在舉行兩個祭典的期間，京都都大路的各地，會有神明出巡繞境的「神幸祭」，與繞境結束時的「還幸祭」。因而，五月經常被稱為屬於祭典的月分，類似「葵祭」這種有勅使（欽差大臣）出訪至境內各大大小小的神社的活動，在各處歡愉地舉行。

五月是春鯖美味的季節，祭典與鯖魚壽司兩者間密不可分。日本海捕獲的鯖魚，魚頭尖尖小小的，魚身鼓漲；而若峽產的鯖魚魚肉緊實，做成鹽漬鯖魚最好不過了。將魚肉自魚中骨片下後，細心地夾除細刺，以醋醃漬二十分鐘左右。

煮飯時，水量略減，以昆布出汁煮出口感較硬的飯。壽司醋的分量，以白米一升搭配一合醋＊的比例，加上糖、鹽各一撮混合，淋在剛煮好的米飯上，切拌均勻，靜置放涼。做好的壽司飯，以壽司用的飯桶保存為佳。

醋漬好去皮的鯖魚，放在擰得極乾的毛巾上，本來有魚皮的那一面朝下，將魚肉比較厚的部分切下，用來補足魚尾巴肉較少的地方，這樣魚肉就會變成長方形，再將捏成長條狀的壽司飯放在魚肉上，最後以毛巾整形。整形好的壽司以竹皮包妥，將這些包好的鯖魚壽司緊緊地塞在箱子裡，最上方壓上重石放置一晚。壽司飯緊實有利於鯖魚壽司的熟成，風味更好。

如果將稱為「白板」的薄昆布片，放在鯖魚上面一起醃漬，昆布的鮮味會

＊**合**：日本傳統的升斗制。一合重量爲一五〇公克，容量爲一八〇毫升、十合爲一升。

讓壽司變得更美味。而這種白板昆布，是在削製朧朧昆布（おぼろ昆布）時最後剩下的薄片。

餐盒在祭典舉行的當天一早就開始準備，裝有撒了芝麻鹽的糯米飯，加上鯖魚壽司與魚板。以繪有白色家紋與名字的染色絹布風呂敷*包好，外層再用條紋花樣的棉布風呂敷包得嚴實，步行分送至親友家中。這些節慶用的東西，都要在中午之前處理完畢。

在祭典的月分裡，會收到來自親友分贈的鯖魚壽司，而這些會在自家有祭典時再回禮。自家製的鯖魚壽司，壽司飯的分量總是會偏多，雖然不是那麼精緻，但卻是自己家裡的味道。

---

*風呂敷：近似於正方形的布巾，用來包東西。

木之芽拌筍子（木の芽あえ）

山椒的嫩葉人稱「木之芽」。這邊專指春天最一開始可吃的山椒木嫩葉，而被稱做「實山椒」的山椒果實，應該是指在初夏時，山裡開始飄出它特別香的氣味之後吧。嫩綠色的木之芽，用手拍過後，略帶一點刺激的辛辣，簡直就像是承接了整個季節的芬芳於一身。

木之芽拌竹筍，是先將木之芽以研磨缽磨碎，加入味噌，最後放入筍子拌在一起，充滿了季節的香氣。做這道菜時，筍子要切成小小的方塊狀，以清淡的調味事先煮入味。如果是已經切成大塊做成煮物而剩下的筍子，也沒關係，切成小塊即可，但是如果拿調味太濃的筍子來做，就不好吃了。

先將木之芽放入研磨缽中，細心地搗碎。做這道菜時所使用的木之芽，只取其小葉子，要剔除過硬的葉梗，如果一起放進去搗，會很難弄得細碎。為了讓顏色好看，也有人加入燙過的菠菜葉尖，但是菠菜有菠菜的味道，我自己是不太喜歡。再加入白味噌，繼續細心地搗弄至綠色均勻分布在白味噌裡，口感也會愈來愈滑順。

接下來加入砂糖，把味道調成甜甜的。雖然單單使用白味噌，不論是顏色或味道都已經足夠了，但是如果手邊剛好沒有，就拿顏色淺的味噌加點糖使用。最後，找個好看的小缽，把它們擺盤起來，盡可能堆得高高的——不管再怎麼喜歡這道菜，它終究不是使用大盤大碗裝起來吃的菜色——它不是整桌菜裡的主菜，這道菜就像是那種體貼入微、謹慎的女子一般低調。

一掃陰霾、陽光普照的五月，打開障子窗，清風便會穿透整個家。在額頭微微冒汗的日子裡，晚餐吃木之芽拌筍子，格外讓人感到清爽舒適。一早下起霏霏陰雨，暗示梅雨季即將到來，讓人從骨子裡就欲振乏力的日子，也做點木之芽拌筍子來吃。那青綠的香氣從內到外浸潤了全身，一掃混沌。晴天要做點、雨天也要做點，不論晴雨，都會讓我隨即想動手做的，只有這道木之芽拌筍子了。

平山

豆子君（まめさん）

「大嬸啊！給我來一點豌豆！」

「欸？」

「就是擺在那邊的豌豆莢啊！」

「唉呦～你說的那個是豆子君啦～」

這是某個晴朗的下午，打扮入時的年輕太太與賣菜大嬸在蔬果店前的對話。

五月，賣菜大嬸忙碌得簡直要把指尖都染上抓捧豆子的綠色，清風從河邊穿過柳樹，來到年輕太太的跟前，吹動她身上那件白襯衫的蕾絲邊。

豆子不管做成什麼都那麼美味，但總是本地產的好吃。如果是從遠方收穫的豆子，表面的那層薄皮會變硬，風味因之變淡；如果是表面變黑了，那就是豆莢裡的豆仁長太多、塞太緊的緣故。

在京都，豆子最地道的吃法，是做成葛湯豌豆仁（まめさんの葛ひき）。要做這道菜，就一定要從剛摘下來新鮮豆莢裡，取出豆子，現做現吃。先將豆仁表面的薄皮剝除，用水煮成鮮綠的顏色後熄火，直接泡在煮豆水中放涼。如果煮熟馬上撈出來，表皮就會變皺。拿點味道較淡薄的昆布出汁，煮滾之後下點砂糖與少許鹽巴調成甜甜的味道，把煮好的豆子放進去，跟出汁一起煮一會兒，最後加入以水調勻的葛粉勾芡。如果可以的話，葛粉最好用本葛粉。豆子清新的嫩綠色、清澈透亮的葛粉芡，交織成滑順微甜的滋味，真可謂是道地的京都味。

做豆子炊飯時，樸素地僅以鹽巴調味為佳。正常水量，以鹽巴調味，放入剝去豆莢洗淨的豆子煮（四杯米兌一杯豆子的比例），雖然把豆子跟米一起煮，讓顏色變得不好看，但是米飯會帶著十足的豆子香，就像是勤奮樸素的女孩一樣特別令人喜歡。

除此之外，把豆子和煮過切成三公分左右小段的款冬、鰹節一起煮，最後以醬油與味醂調味，那更是格外美味。搭配新鮮的海帶芽做成湯，或者單純地用鰹魚出汁煮成又甜又鹹的味道，撒在白飯上一起吃，搭點小蝦子做成炸什錦天婦羅也很好。

豆子盛產的季節會持續上好些時日，這段日子就像是要消滅仇人一般——一日三餐，餐餐都吃豆子。

秋山

嫩牛蒡葉（しのごんぼ）

款冬帶著野地的氣味，而牛蒡則充滿泥土的芬芳。那是如同麥稈筆直生長，黃蝶成群飛舞的田間散步一般，飄盪著強烈泥土香氣的牛蒡。

密密麻麻撒下的牛蒡種子，在發芽後為了讓其透氣，會反覆摘除餘分的牛蒡芽。而被摘掉的就是嫩牛蒡葉。

非常非常嫩的牛蒡葉，在灰綠色的莖上面，連著像是嬰兒手指般細小的牛蒡。主要是吃它的葉子。將根部的泥土細心地洗掉之後，用熱水稍微燙一下，切成四公分左右的小段，可以加上一點生鰹節，或者跟油豆腐一起煮。

再長大一點點的牛蒡，根部長成與成人小指一般大小。以稻稈綁成一束一束，帶著泥巴，隨意地放置在蔬果店的地上。這種時候的嫩牛蒡葉，葉柄變得很硬，需要拿研磨棒或者菜刀背之類的工具先敲過再煮。

再長大一些，就只吃長得細細的牛蒡。好吃的做法是，牛蒡只用鬃刷輕輕地洗掉表面泥土，絕對不要拿菜刀削它，保留它獨有的香氣跟口感，也是這道菜味覺呈現的一部分。

還記得上小學時，午休時間小跑步回家，在暗暗的廚房裡準備的飯菜，常會有小巧可愛的牛蒡煮物。記憶中的牛蒡，像是被清風輕拂過短袖上衣、露出的臂膀般，擁有滋味清爽的口感。

嫩嫩的牛蒡加上豆子，用鰹節出汁一起煮成甜甜鹹鹹的味道，最是下飯。喜歡點特殊口味的，也有人加上豆皮，用小魚出汁煮成重口味的吃法。

如果想煮成京都風味，就取五六根細細的牛蒡，先用豆皮捲起來，再用泡發的瓢乾捆好，以出汁慢火煮，以砂糖、醬油、味醂調味。

聳立在田中央的鄉下房子、粗粗的柱子、閃閃發光的大灶，還有小小的院子、低矮的房舍、河畔的柳樹……處處都有著京都生活的痕跡，在心中深植對土地的鄉愁。說不定或許是因為這些，讓我喜歡上牛蒡吧。

秋山

山椒（さんしょ）

山椒的花與果實都能吃。「山椒花」被視為珍味，深受饕客喜愛；山椒葉子有個特別的名字「木之芽」，在筍子盛產的季節，登場機率特別高；「山椒實」則是日本的香料，不論何時都能賦予料理高雅的味道。

首先是在五月初上市的山椒花。樣子就像是抱團生長的顆粒，樸素地讓人不禁想著：這真的是花嗎？迷人的香氣，溫和的辛辣味，有著特別雅致的風味。拿去煮之後，分量大減，所剩不多的程度讓人簡直以為自己被騙了一般，稀有且珍貴，可不是一般家庭用的食材。

接下來是木之芽。水靈鮮嫩的葉子，是筍子煮好時，一定要加上一點的材料，是清新初夏最好的詮釋。聽說，把木之芽放在手心上，雙手用力砰砰拍兩下，香氣會更濃郁——到底是不是真的，老實說我也不太清楚——但喜歡這種充滿活力的聲音，我會特別誇張地拍出聲響。木之芽涼拌菜、木之芽田樂味噌……不管怎麼做都極好吃。就算是煮個豆腐湯、嫩筍味噌湯，也要在湯裡放上一片木之芽。

乾燥的山椒實可以磨製成辛辣的山椒粉。烤魚上撒一點、天婦羅蓋飯上也來一點，壽喜燒用的牛肉，買回來放進冰箱之前，也撒點山椒粉，風味會更好。新鮮的山椒實罕有，我們會在這個季節一口氣煮好一年的分量保存。用差不多蓋過材料的醬油與酒調味，剛煮好、黑黑的山椒實，拿一個放在嘴裡一咬，辛辣味立刻在口中擴散。佃煮昆布的時候，從保存的罐子裡取出一點攪和攪和；做鯖魚壽司時，在壽司飯與鯖魚之間也撒一點，把魚腥味去除。

歡喜與悲傷相當分明的少女時代，已是遙遠的過去了。在人世間的不甘、嫉妒、猜疑、焦慮、怨恨，統統一個不漏地體驗過一輪後，我已是資深的人妻。並非對生活感到心死，但卻已經開始明白，所謂的人生並不是僅有歡喜與悲傷。面對這樣的自己，既不是肯定，也絕非冷笑視之，只是像山椒般無情的辛辣罷了。

平山

昆布卷（こんまき）

這幾年到了此時節，會大掃除的人家愈來愈少了。從前，五月到梅雨季來臨之間，整個街坊都會開始大掃除，是區公所規定的事情。也就在這段期間，人們會把日常堆積的雜物一點不剩地統統丟掉，屋外土紅色的格柵、窗戶、障子統統拆下，瘦長形的房子，讓人可以一眼望穿。

全家總動員起來，而人丁單薄的家庭，則會請人來幫忙，從早到晚好不熱鬧。一年一度的大掃除，應該是讓房舍採光不好的京都，在宜人的季節裡，充分使房子通風的必要之舉吧。時至今日，雖說房子的設計並沒有什麼不同，但或許是有道路通行上的阻礙，這樣盛大的掃除活動已不復見。至少在我所居住的住宅區，已經沒有多少人知道這樣的往事了。

依然是那時發生的事。在過去，一早要先曬榻榻米，把榻榻米用竹製的拍子拍一拍，到了中午，手邊的事暫告一段落，就會聽見小販傳來「鯡魚～昆布卷～」，還有其他東西叫賣的聲音。擦拭乾淨到木紋像是要裂開一般的木頭板車，上頭擺著昆布卷、煮豆子等可以直接當作配菜的小菜。在這種光是打掃就要忙不過來的日子裡，小販車的到來，簡直是無限感激呀。買了之後，直接拿著小盆小碗裝了帶回家。在還帶著潮濕氣味的地板上，隨便鋪個什麼，席地而坐，便是簡單將就的一頓午餐。

素來最神氣的老公，在這一天幾乎無用武之地。穿著草鞋，不知道該做什麼好地瞎晃悠。到了中午，肚子也餓了，平時最挑嘴的他，面對昆布卷，不知道是覺得好吃、還是難吃，默默地吞下肚。

現在，市場裡大多數的熟食店都能買到昆布卷。彷彿像是遮醜似地，把缺件少塊的鯡魚塞在中央，外面用昆布一層一層捲起來。味道淡薄柔軟，卻十分入味；不僅味道不錯，價格還很便宜，沒有比它更划算的東西了。這道菜就算在自家也可以簡單做好，材料用廉價的昆布就行了。以前的人也會拿取過出汁的昆布再利用，不過這樣就少了一點滋味呀。

平山

六月

◉**酒日**——— 規模較大的商號，在每月遇到一日與六日，或三日與八日，或五日與十日這幾組日子，員工餐會吃得比平日好，而管事伙計的員工餐食還會附上酒。這種日子被稱為「酒日」。在酒日這一天吃的飯菜，就算不是燒烤類的菜色，也會被叫做「烤物」。

◉**三十日**—— 舉行夏季除穢的儀式，將半年來的晦氣移至人偶身上，潔淨身心。此外，這天會吃一種上頭撒滿了紅豆，稱為「水無月」的和菓子，應有祈求不要感染痘瘡之寓意。

淡竹（淡竹）

掃帚的柄、除塵撣子的柄……這些女人家每天使用慣了的輕便細竹子，就是淡竹；做為晾衣竿的是真竹，與淡竹相較之下，它的粗細不太有變化，直挺挺地往上長。

這兩種都是在孟宗竹筍一結束，方才從土裡冒出頭來。

真竹的竹筍澀味極強，質地堅硬，而淡竹與此相較，則味道清淡。淡竹筍的直徑約有三公分，長度約五十多公分，外表覆蓋著茶色的絨毛、筆直伸展的模樣，讓人聯想到小鹿的蹄子，總覺得有點不太舒服。

孟宗竹的筍子，在蔬果店會排成漂亮的花形販售。相較於此，淡竹就比較不受待見了，往往以稻草捆一捆，隨意堆在角落賣——也不是什麼特別好吃的東西，買菜的大嬸們大概都是抱著「想一次把筍子吃個遍」這樣的想法，才順手買一點吧。反正是價格便宜、可有可無的味道呀。

竹子去皮之後，泛黃的筍肉肉質柔軟，帶點青色的則質地較硬。放進加了米糠的水煮軟後，熄火，直接泡在水裡燜。據說放兩三個辣椒乾一起煮，可以除去澀味。等到筍子確實放涼之後，切成薄薄的斜片，用水充分洗乾淨。淡竹一般來說會搭配蠶豆、豌豆一起煮，還有野生款冬、山椒，用高湯煮乾，做成茶泡飯的配菜等。

雖然說一般的做法是這樣，但用淡竹跟煮過的昆布絲做成小菜，是我最喜歡的吃法。

所謂的昆布絲，是昆布在加工刨成薄片之後，把剩下的昆布心切成的細絲。也就是將鯖魚壽司表面蓋上的那個昆布，切成頭髮一般細絲狀的東西。

做這道菜的時候，先將昆布以水泡軟，切成短短的，跟薄片筍子一起慢慢地煮到入味。調味時調成甜鹹甜鹹的味道，加點現削的鰹節，可以煮得濃郁些，當作下飯菜。這道菜煮好之後放涼，讓材料充分入味才好吃。

夏季到來前的午後，整個屋子飄盪著淡淡的倦怠，屋院深處，徐徐傳來灶台上煮食的香氣……。

秋山

烤物（お焼きもん）

烤物並不僅侷限於燒烤類的菜色，在員工餐有供酒的「酒日」所提供的餐點，也被稱做「烤物」。這是中京區擁有許多員工的大商家戰前的行事風範。

酒日這一天是慰勞員工們的日子，每一家商號店鋪施行的時間各有不同，有的會固定在五日與十日，有的是一日與六日，也有三日與八日這幾天。這樣算來，酒日施行的日子，各家店鋪加起來，一個月會有六天。

有這種做法的商家，就算只是每天的員工餐食，也都是請飲食店做好、外送到商家。曾聽某家大盤商的老闆娘說：「一日員工餐所需的銀錢，晚餐一人約七錢，菜色通常有烤鯖魚、生鰹節的煮物等。而在酒日這一天，一人約二十錢，也會有洋風的餐點。」這大概是在昭和十年（一九三五）前後的行情。

總管的管事坐在上座，接著依序是中管事、小管事，而小伙計則坐在下座。每個人座前都有一份膳盒，管事的員工還會「配給」一人一壺的酒。所謂配給，是指主人家贈與的意思。

曾聽聞現在早已獨當一面的社長回想起，自己在單單有地方睡、有東西吃，就高興的不得了的小伙計時期：「想著不知道要到哪一天，才輪到自己在酒日也能有配給的酒水……而在這天所吃到蛋包飯，更是不曾再有的美好滋味。」

在酒日這天，會由老闆娘決定配給「分家」的酒水，由店裡工作的女子送去。愈是大間的商號，老闆娘愈是得做到鉅細靡遺、分毫不差。

所謂分家，是指從本店傳承招牌、獨立開業的分號。本家與分家一旦建立主從關係，便是一輩子密不可分。

從身穿條紋和服、腰繫粗布腰帶、赤足的小伙計開始，一步一步往上爬，到了可以穿著正式羽織*、套上足袋的管事，就算是能獨當一面、自立分家了，但儘管如此，本家與分家之間的階級依然不變。這些大商號的制度與風俗，隨著戰敗，一併消失在時代的洪流裡，隨之消逝者，如「酒日時的烤物」等字眼，時至今日也再無人提起了。

大村

* **羽織**：和服外面套的短外掛。

牛蒡與魩仔魚（ささがきとちりめん）

燉啊燉、煮啊煮，充滿耐心地守著爐台，似乎是京都女子們會喜歡做的事。雖說一想到耗時費工地煮半天，沒兩下就吃完，讓人有點提不起勁，不過抱怨歸抱怨，也還是會親自動手做。市售現成的味道不合意是其一，我想京都女子善燉煮，才是最大緣由吧。

六月一到，市場上出現新牛蒡。將牛蒡與魩仔魚一起烹煮，站在細長屋子的門口就可以聞到那鹹甜交織的味道，有時飄來煮豆的豆香，或者佃煮昆布的氣味。

將牛蒡削成竹葉一般的薄片，泡水過夜去除澀味，以笊籬撈起瀝乾水分。魩仔魚建議用肚子是紅色的赤腹魩仔魚乾，顏色比一般來的黑，充分曬乾後使用，吃起來很甜。赤腹魩仔魚如果沒有曬得乾透，質地會又軟又白，那樣漂亮的魩仔魚不適合用來煮這道菜。

先細心地乾炒牛蒡片，等到把水分都炒乾之後，放入魩仔魚乾。煮的時候不像連同胡蘿蔔一起炒的金平牛蒡絲一樣要加油，以薄口醬油、濃口醬油各半和砂糖調味，直接蓋上落蓋＊，用極小極小的火慢慢燉煮。若是做成下酒菜就調鹹一點，若是帶便當，可以煮得甜一些。等到煮牛蒡的湯汁差不多要收乾、發黏變稠的時候，加一點早在五月就做好的山椒實，增加風味，並留意收乾湯汁時別煮焦了。

屋外已經是點點梅雨開始的季節，鉛灰色的天空飄下了細細的雨滴。在這樣的日子裡，煮物湯汁的氣味在屋子裡久久不散，雖然受雨天影響，情緒

＊**落蓋**：比鍋子尺寸小一圈，直接置於食材上方做爲蓋子用的東西，材質依用途會使用木製、紙張、鋁箔紙等。

有點低落，但只要拿煮牛蒡做成茶泡飯，三兩下扒進肚子裡，人也就神清氣爽了起來。這樣的好東西經常想與人分享。

牛蒡與魩仔魚的煮物，不論是祖母或是媽媽都很喜歡，不知不覺間，我也到了喜歡這種味道的年紀了。

大村

香魚（あゆ）

「一見到舞伎纖細的手指頭，就會想吃香魚。不知道她願不願意用那白晰的指頭，替我剔除香魚的骨頭？啊～那真是美味啊～」京都的男人是這樣想的。

「一見到被雨打濕的紫陽花，就會想吃香魚。」我倒是這樣想的。

我想，那是因為前陣子到訪在嵯峨鳥居本（さがとりいもと）以香魚美味聞名的茶屋時，瞧見碩大的紫陽花朵被淅淅小雨打得東倒西歪的緣故吧。彼時的香魚與紫陽花的紫色，深深地印在我心中。

香魚是河魚之王者。不論姿態或香氣都高雅且清淡，美得像是清溪中一葉綠瓣上聚集的水滴。

就算同是香魚，流放、野生或養殖的，也是各有各的滋味，價格當然也不一樣。

京都保津川上游的周山，以香魚聞名。

每年三、四月，香魚從海裡逆流回河中，五、六月在乾淨的溪水裡，以石頭縫裡的浮游藻類為食、生長，到了秋天開始抱卵，在河口附近產卵。想來，香魚的一生是多麼短暫啊。

野生的香魚有股特殊的香氣，相較於養殖，身形細長結實，一眼就可以分辨而出。就跟人一樣，沒吃過苦的養殖香魚，通體肥潤，油脂豐厚身體柔軟，但卻也失去了本來的香氣。

香魚可以做成刺身、鹽烤、酥炸、香魚壽司等，雖然有各種做法，但是還是鹽烤最佳。而且聽說，還非得在它活蹦亂跳的時候就料理才行。魚尾與魚鰭抹上鹽巴，烤魚用的鐵串在皮下貫穿魚身，將香魚串成在溪流中游水的姿態，如此烤得堅挺又精神。烤好的香魚必然要佐以辣蓼醋一起吃。我也曾收過來自鄉下、曬成香魚乾的土產，此魚乾跟豆腐一起煮，風味樸素，是記憶裡懷念的滋味。

將香魚內臟收集起來，加上鹽巴密封醃漬而成的潤香（うるか），更是極品的下酒菜。在鴨川水量豐沛的季節裡傾耳聽潮，獨酌時的烤香魚，這些都是每年六月令人期待的樂趣。

鴨川兩旁的柳樹，也在煙雨中益發顯得迷濛⋯⋯。

秋山

佃煮昆布（塩こぶ）

中京區的街道上，下起了銀色的雨，我與媽媽相視對坐，一起縫製著單衣（ひとえ）＊。屋外，梅雨悄無聲息、綿密無盡地下著。醬油煮著昆布的香氣，充滿了整間屋裡，抹去了所有氣味。媽媽不時放下手中針線，起身朝廚房走去，怕煮焦昆布般攪動攪動鍋子，調整調整火力。屋內院子裡燈籠、石塊的影子下，長著綠油油的青苔……這些盡是遙遠的少女時代的記憶。

在以前大多數的人家，一整年灶頭上都會煮著昆布。那時候可不像現在，無論午晚餐的菜色都豐富得如同過年，每日餐食往往是一碗湯、一碟

＊**單衣**：六月與九月使用的和服，無內襯，材質與冬季用使用的和服相較更爲輕薄。

菜。在儉樸的飯菜中，佃煮昆布發揮很大的作用，可以依照四季不同，或搭配木之芽、山椒，或與香菇、松茸、魩仔魚同煮，變化出各種滋味。

母親年事已高後，不再自己下廚煮昆布了，往往是以市售的佃煮昆布再加點料，但市售的昆布畢竟比不上家裡煮的。我也不曉得自家煮的昆布是否為最正確的做法，不過從媽媽那邊學來，我一直是如此做這道菜。

我會挑選上等的昆布（其實什麼等級的都行），用已經裁切好的或出汁用的昆布，裁成四方小塊即可。昆布二〇〇公克左右，日本酒杯一杯量的白醋（約三〇毫升），加水淹過材料，開火煮到大滾後熄火靜置一晚。隔日加入可以略略淹過昆布分量的酒少許、味醂少許，以極小極小的火力煮到收汁。最後加入少許的砂糖——僅是避免死鹹的程度，所以砂糖千萬不能加到吃出甜味來。

之前曾聽過這樣一件事。

有個男人，如願地娶了一位外貌超群、頭腦又好的女人為妻。後來似乎不是太順利，以分手告終。再次找老婆時，就想找一位「特別會煮佃煮昆布的京都女兒」為妻。聽到這事，心裡雖然覺得他未免太自私任性，但也並非不能認同他的想法呢。

平山

錦木（にしきぎ）

耳畔傳來雨滴從屋簷落下排水管的噗通聲，潮潤潤的榻榻米，濕答答的廚房，漏水的聲音……在這種令人生厭的日子裡，特別想吃點什麼刺激的。

錦木是指將山葵花加上鰹節、碎海苔拌在一起的一道菜，特別符合大人的口味。

將與拇指一般粗細的山葵，緩緩、輕巧地磨成泥，不急不徐，有耐心地慢工細活。山葵的刺激香氣撲鼻而來，簡直讓人眼淚會不自覺地落下呢。山葵泥以黏性強、富有光澤的為上品，「粉末調製山葵的味道最差勁了」，只要嚐過的人，都分得出其中差異。

鰹節也一樣，如果用力、使勁地削，往往會刨出口感粗糙的柴魚花。我會將壞掉的電燈泡留下，敲成碎片後，收進罐子裡，專門用來削薄柴魚花。用燈泡碎片撥動琴弦般，輕輕地從鰹節的中心「咻～」的一聲削成片，手感相當舒服。

不論是山葵或是柴魚花，看來簡單的東西，實際上卻要花不少工夫。所以每當可以削出又細又薄的柴魚花時，心裡就特別開心。往昔，削柴魚花是料理店板前的學徒每天都被要求做的事。既然是每天都要做的事，那就別急躁，慢慢地磨，慢慢削吧。

海苔的內側用遠火烤至泛著綠色光澤後，用手揉碎。

山葵泥與柴魚花淋上溜醬油（たまりしょうゆ）＊，最後鬆鬆地撒下碎海苔。以青瓷的小鉢裝盛少許，用筷子尖小口小口地沾取食之。好飲者若以此物下酒，吃著喝著想必心情也會愈

＊**溜醬油**：原本是指豆味噌製造時滲出的液體，特色爲顏色深、味道濃郁。現在依照製造商不同有各種配方，說法也各異，其成品特特爲顏色深、香氣、風味濃郁，液體較厚重的醬油。

來愈舒暢；不諳此道者，則可以撒在熱呼呼的白飯上。有時候甚至會覺得錦木比生魚片更美味呢。這樣的吃法也是極奢侈的享受。

山葵刺鼻的香氣、柴魚花的風味，配上海苔深綠色的點綴。就算是神不清氣不爽，什麼都提不起勁吃的時候，有了錦木也能歡快加餐，就像是梅雨季中偶有的天晴，真是清爽宜人的一道菜呀（如果能再加點白蘿蔔泥就更棒了！）

大村

梅乾（梅干し）

梅雨一落下，梅子樹便開始結果實了。以前深信不疑地牢牢記住青梅一升配鹽四合的比例，但是現在的青梅都是以公斤單位販售，現在的鹽巴也比昔日輕盈細緻，若依此比例就會放太多，所以，每年我都會請蔬果店的老闆幫我依照現況換算比例。

梅子泡水一晚，果核與果肉比較容易分離。隔日一早以笊籬撈起瀝乾。醃漬時，將梅子與鹽巴交互堆疊在漬缸裡，上面壓一個不太重的石頭，靜置一週至十天左右，就會生出澄清的汁液，那帶著精采強烈酸味的汁液稱為「生醋」。將梅子從醃漬缸移至瓶中，蓋上蓋子，瓶口上封一層紙，暫時靜置於陰涼處。待赤紫蘇上市，再將赤紫蘇加進醃漬梅的瓶子裡。紫蘇的處理如下：先將赤紫蘇的葉子取下，撒上鹽以雙手揉搓，最先會揉出黑色的汁液，這就是赤紫蘇的澀水。將此步驟反覆兩三次，最後將赤紫蘇放入瓶中以生醋醃漬，顏色會漸漸變成鮮豔的赤紅色。加了赤紫蘇的梅子暫時醃漬著，靜置土用日*的到來。

一到土用日——一定要這天才行——開始著手處理梅子，進行為期三天三夜的土用曬梅。早已染成鮮豔紅色的梅子，在烈日的曝曬下，會轉為低調的暗紅色。據說在夜晚露水的滋潤下，梅子會變得柔軟甘甜。在土用曬梅這段時間裡，千萬不可掉以輕心——稍不留神外出一下，沒準兒就遇到午後陣雨，在狂奔返家的路上，好不容易曬乾的梅子就被雨淋濕了，真叫人欲哭無淚。入夜之後更是辛苦，睡著睡著稍有風吹草動，眼睛便自動睜開了，躺在床上惴

* **土用日**：土用日是指四立（立春、立夏、立秋、立冬）前十八天這段期間，本文中的土用日是指夏季土用。

惴不安：「該不會是下雨了吧……。」

跟梅乾有關的鄉野傳說也不在少數。

「某某要過世的那一年，梅子竟然發霉了呢！」雖然無法預知不祥事件是否真的發生，卻也在心中種下了許多不安與惶恐的種子。總是不想遇到不幸的事情，所以在醃漬梅乾時，會特別認真留心，保持清潔以及身心的潔淨呢！

平山

蕗蕎（らっきょう）

梅乾與蕗蕎，是保存食＊的兩位大將。我自家廚房的角落暗處，也總會有這兩個並排的瓶子。

醃漬梅子的季節，同時也是醃漬蕗蕎的季節。如果說醃漬梅子需要全神貫注，在醃漬蕗蕎就顯得輕鬆許多。可能是因為不論是氣味或滋味，都讓人放鬆的關係吧。畢竟以酸度而言，強酸的梅乾比較不易變質呀！

各家各戶都有其獨門醃漬蕗蕎的方法，但就結果而論，不管用什麼方法醃漬，通常都很少失敗。

在蔬果店中可以購得已經脫皮、洗淨的蕗蕎，買回後用清水再洗過一

＊**保存食**：泛指利於長期保存、加工後的食品。

次，把表面的皮剝乾淨。洗淨後，以笊籬撈起瀝乾水分，放入醃漬缸中加鹽混合。鹽巴雖然沒有精準的比例，以足夠讓蕗蕎都沾上鹽巴的分量為準——不知道大家知道那種表面撒滿白砂糖的糖果嗎？總之，沾滿鹽巴的蕗蕎，看起來就像那個樣子。最後在上面壓一塊稍重的石頭，靜置一晚。隔天一早，蕗蕎已經充分出水，捨去汁水，放在通風陰涼處充分陰乾。接著，在鋪上厚厚的報紙上，將蕗蕎一粒一粒攤開，不重疊地整齊放好。

陰乾的同時，來準備糖醋液。將白醋與砂糖混合後煮滾，比例是蕗蕎一升（大概不足兩公斤）搭配白醋四合（約〇·七公升）、砂糖三〇〇公克。陰乾一天的蕗蕎裝進寬口的瓶子裡，從上面加入冷卻後的糖醋液，這樣就完成了。靜置半個月餘，就可以收成口感爽脆的蕗蕎。除了最初以清水洗過，過程中務必確保蕗蕎不會沾到水，沾到水氣容易變質，也不能曝露在光線下，均是醃漬蕗蕎的重點準則。

蕗蕎在陰乾之際，不可以曬到太陽，得在乾燥通風良好之處進行，屋簷下正是陰乾蕗蕎的好地方。但是在梅雨季節，一攤開蕗蕎就下雨也絕非罕見的事。遇到這樣的時候，心情就會很沮喪，只得關上窗，在家裡曬。如此一來，整間屋子都是蕗蕎的味道，整個人也沾上了蕗蕎的氣味，甩都甩不掉，無處可躲呀。

平山

水無月（みなづき）

切成稜角分明的三角形，白色的外郎糕（ういろ）*上布滿了煮得香甜的紅豆，很長一段時間，我總好奇，這和菓子到底是照什麼形狀做出來的呢？問了鄰家和菓子店，似乎是仿照冰塊的樣子做成。聽他這樣一說，那半透明的白色、分明尖銳的稜角，的確是挺像冰塊的。

和菓子的造型如果寫實模仿就顯得無趣，外觀上若虛若實這一點，與京都人的人際距離掌握不謀而合。無論是水無月，或夏日京都路上傳來似遠若近的牛車聲，都隱約有這樣的氣氛。

在京都北邊郊區的深山裡，有個叫做「冰室」的地方。聽說

---

* **外郎糕**：使用米粉及黑砂糖等原料蒸出來的和菓子，帶有樸質甜味及彈牙的口感。

以前會在冬天時將冰塊存放在山洞中，六月一日時進貢至皇宮。舊曆的六月已經是暑氣難耐的季節，應是對那閃閃發光的冰片有所嚮往，所以將和菓子做成冰塊的模樣吧。

將新粉（米粉）與砂糖、麵粉以水混合，倒進模子裡用蒸籠蒸。蒸到表面微微變硬之際，趕緊撒上甜甜的煮紅豆，並倒入之前混合的米麵粉水以利固定，接下來再蒸半個鐘頭左右，就完成了。

底部的外郎糕要做得口感紮實比較好吃。記得以前都是做成白色的，現在有些加了黑糖，最近也常看到顏色黑黑的水無月，雖然說味道不錯，但看起來有點像冰塊或融雪掉在泥巴裡髒髒的感覺。

雖說從初春起，和菓子店就能買到水無月了，不過六月三十日才是非吃不可的日子，有時甚至要趁早向店裡預訂，以免向隅。

六月三十日這天，神社會舉行夏季除穢的儀式。信眾在家裡準備裁成身穿和服模樣的紙人，每一尊紙人上寫著各自的姓名與年紀，據說摸一摸這個紙人，可以把自身的災禍轉移到紙人身上。儀式末將紙人收集起來，神社會在祈禱之後放水流走。

在夏草繁茂的小溪邊，「紙片人」漂啊漂啊沉浮在溪水裡。你我皆如此，隨著日月流逝，今年一轉眼又只剩下半年了。啊～真是時光飛逝啊！

秋山

七月

◉**十七日**——祇園祭的山鉾巡行，也叫做鱧祭（鱧祭り）。將鱧魚（海鰻）從烤物、刺身、醋物乃至湯品，統統吃個遍。此外，鱧魚卵與小里芋（落ちこ）一起煮也格外美味。當然還有鱧魚壽司。

◉**土用初日**——就算是天氣再熱也要吃「紅豆糯米糰」。避免中暑的各種對策。

◉**土用丑日**——這一天不管在哪個地區，必吃鰻魚！

米糠漬（どぼづけ）

米糠漬（どぼづけ），在字典上則是寫成「どぶづけ」。

近年來，黃瓜、茄子等屬於夏季的蔬菜，季節感愈來愈顯稀薄，不管是哪種蔬菜均通年可見。雖說如此，非產季的蔬菜，吃來還是略顯滋味不足、味道寡淡。

一到夏天，見到鄰近農家將採收車堆得滿滿，忙進忙出，終於等到當季農產上市，心裡頓時輕鬆了起來。或許正因為一年到頭都可見的蔬菜，終於要在產季上市，益發覺得珍貴。一看到表面尚覆蓋著軟刺、水嫩水嫩的黃瓜，紫得發亮的茄子，便想著要趕緊動手做米糠漬。

醃漬用的米糠床，在京都叫做「どぼづけのえェ」，對於女人來說是非常貴重的寶物。媽媽傳給女兒、婆婆傳給媳婦，一代一代傳承的米糠床，歷經了數代人，飽含女子的精氣與愛。而其中僅以米糠與鹽、蔬菜的水分培育的米糠床滋味，也只有每日細心照料的主婦們最為知曉。米糠床裡是時候該放點鹽巴、該添點米糠，什麼時候該怎麼做都了然於胸，心情就會很好，而米糠醬菜也會變得美味。

米糠漬需要依照黃瓜、茄子大小的不同，計算醃漬的時間，有時甚至會半夜起床醃漬，以便當成早餐的菜色——這一切都是為了要給家人吃到醃漬得恰到好處的醬菜。

把醬菜的顏色醃得漂亮，不僅是為了要給客人吃的，也是因為蔬菜的大小會影響發酵成色。茄子是整顆下去醃最為好吃，小個頭的茄子可以用手擰，稍大的用手撕開就好，不用刀切；黃瓜也選個頭較細的為佳。如果醃漬過頭，就把醬菜切得細細的，加點薑汁，生薑入口時，那清涼感真是沁入心脾呀。

當秋天的茄子即將過季，吹起涼風的季節來臨時，米糠床裡要添點米糠與鹽巴，表面再撒點鹽，收拾妥當後，就這樣擺到來年。如此一來，從上一輩接手的米糠床便能不受蟲害、不減風味，達到傳承的使命。這樣的傳承，應該也可以被稱作女人的歷史吧。

隔年入夏，揭開裝著米糠床缸子的封口，米糠床的顏色如果好看、沒有變質的跡象，那真是一件令人快樂的事。

廚房的角落裡，這些細微瑣碎，卻讓人歡喜讓人憂的小事，是屬於主婦的日常啊！

大村

雜穀粉（はったいの粉）

雜穀粉有著盛夏的氣味。太陽曝曬的氣味、燠熱難耐草叢的氣味、遙遠的茅草屋聚落的氣味、午後悄然無聲的街道上的氣味。

為了迎接祇園祭，母親忙著幫我縫製和服，我緊靠在她身邊，吃起了雜穀粉。這是我很小很小時候的事情，還記得那是件淡藍色透氣的夏季和服。我把倒在厚重茶碗裡的穀物粉攪拌攪拌，味道鹹鹹的，又帶著點甜味，是一種難以言喻的味道。

如今，一到太陽曬得發亮的日子，我就會想起這件事。

有次，母親在雜穀粉裡加了熱水，又加了糖與鹽巴，沒有攪拌就直接把碗給我。那時弟弟妹妹也伸直了腳，坐在地上一起吃，我們隨著一呼一吸的節奏，把碗裡的粉末吹得滿地都是，實在滑稽，忘了是誰笑著笑著把粉末吸進氣管裡，嗆了難受的樣子，又讓大夥兒看了好笑，邊吃邊鬧成一團。

雜穀粉是將炒過的麥子以石臼磨成粉製成。除了剛炒好的香氣以外，基本上沒什麼好吃的。算是在物資缺乏的舊時代裡，頗具代表性的零嘴之一。然而這道樸素的點心，在如今成為大家的懷舊談資。我最近甚至在出町的桝形地區一帶，看到「這裡有雜穀粉喔」的廣告海報呢。桝形是位於洛北地區有著農村背景而繁榮的地方，看到那海報的瞬間，被遺忘的雜穀粉的香氣、孩提時的記憶，頓時湧上心頭。

記憶中的炎炎夏日，那些連一點風聲都聽不見的寂靜午後，遠處傳來行商老嫗＊響亮的叫賣聲：「賣梯子～賣凳子～有沒有人要買啊～」聲音忽遠忽近，清晰地劃破空氣中的沉寂。雜穀

＊原文爲畑の姥（はたのおば）是指從京都西郊、高雄方面往返京都的女性行商者，特色是其貨物以頭頂搬運。

粉也是這些行商老嫗們帶來賣的，聽到叫賣聲後，我們從陰涼的後廚出聲輕喚，老嫗便會把頂在頭上的黑色罐子拿下來，用茶碗當量杯，一碗一碗舀進我們的罐子裡。啊～屬於遙遠的夏日回憶。

平山

精進天婦羅（精進揚げ）

精進天婦羅指的是蔬菜炸物。法事舉行時提供的素齋中，必然會有的一道菜。將山藥或蓮藕磨成泥狀之後，放在海苔片上下鍋油炸，猛然會以為是肉片葷食。我時常想，其實不需要勉強把素齋做成肉類的模樣，卻也不禁讚嘆精進料理的耗時費工。

先不管這些費心的做法，在京都要吃到美味的蔬菜，一年到頭都不成問題。地瓜切成圓片，花點時間慢慢炸；蓮藕切得厚些，帶點口感比較好吃，牛蒡削成竹葉般的薄片、鴨兒芹切三公分左右，更別提四季豆、洋蔥、大蔥白，還有青辣椒，夏天的茄子、南瓜，統統都是下鍋炸一下就會變得非常美味的食材。

廚房裡面剩下的蔬菜邊角料，也是可以做成炸物的寶庫。不僅不用花費什麼工夫準備，品項還很豐盛。香菇調味煮過，裹上一點麵衣炸就十分好吃；在切了絲的胡蘿蔔裡加入一點醃漬的紅薑絲，就有點寺廟裡面素齋的味道。胡蘿蔔的葉子不要丟掉，只摘下葉子炸炸看，可以炸出令人驚喜不可思議的酥脆，蘿蔔葉帶有獨特的香氣，完全不會讓人感覺是廢物利用下的產物。

初夏時，將豌豆仁加上一點切成小小四方的洋蔥，毫無懸念地做成炸什錦吧。就像是涼風穿透過蕾絲窗簾一般，伴隨著不知哪戶人家傳來的鋼琴練習彈唱似的，炸什錦就是這麼時髦的炸物。到了秋天，將盛產的新鮮地瓜切成細條狀，加上切成細絲的胡蘿蔔、去了皮的毛豆一起下鍋炸，地瓜要多放一點才好吃。

精進天婦羅的麵衣多準備一點也無妨，可以用來炸魚。雖說要用麵衣將魚片裹得不漏餡，對於一般人來說不是簡單的事，但畢竟是自家製的炸物，不需太過在意，就輕鬆放手做吧。

炸物應該是誰都會喜歡的菜色，就算是做得有些笨拙，大家也都會捧場。白蘿蔔泥不妨多準備一些，天婦羅沾醬一般家用的就可以了。家人覺得好吃，吃多一些，對於掌勺的主婦真是特別開心的事。對於一睜開眼就不得不盤算三餐該吃什麼的主婦來說，精進天婦羅真是一道幫了大忙的菜色呀～

平山

鱧魚（海鰻）祇園祭其一（はも　祇園祭－1）

華美的山鉾車聚集在四條通停放，當晚風輕送、祭典音樂響起，我就開始坐立難安。

十七日前一晚的宵山行事，整個京都各處都是散步觀賞山鉾車的人們，人聲鼎沸，熱鬧非凡。我憶起懷裡抱著赤紅色長刀鉾玩偶、跟不上人群而小跑步的自己……「哐哐噹噹、哐噹噹」，兒時那清脆的鉦鼓聲猶在耳際。

祇園祭的大餐當然是鱧魚。餐盆上鱧魚的刺身、烤鱧魚、鱧魚卵與小里芋（落ちこ）的煮物、鱧魚壽司、鱧魚煮的湯、鱧魚黃瓜醋物……清一色的鱧魚。

鱧魚以花刀斷骨後，將魚肉片成小片，表面略略燙過即為鱧魚的刺身。雪白色的鱧魚刺身燙過後，就像是白牡丹的花瓣一般綻開，搖曳生姿，別有風情。佐以燙過且冰鎮的防風葉子、紫蘇花，依照喜好與二杯醋、山葵醬油、梅肉一起享用。在京都，鱧魚的這種做法叫做鱧魚刺身（おとし）＊。

用來做成烤物的鱧魚，會選擇體型比做成刺身大一點的。將處理好的鱧魚對切成兩片，每片以四根鐵串串起來烤。先乾烤至金黃酥脆後，分兩次淋上醬汁，烤至香氣四溢。上菜時會搭配一整根醃漬的嫩薑芽（はじかみ），或者小的青辣椒。

將這個烤好的鱧魚切成細細的小段，包在蛋卷中間，就是鱧魚卷。比鰻魚清爽，是夏日祭典中孩子們最喜歡的料理。

鱧魚料理要做得好，除了食材本身的鮮度以外，大小的選

＊**鱧**：又稱爲鱧魚、狼牙鱔、海鰻。爲關西地區夏季特有的飲食文化之一，更是京都夏季的風物詩之一。由於此魚皮厚刺豐肉質較硬，故食用前，需先去皮斷骨加以處理後方利食用。鱧魚本身無法直接生食，有一說爲鱧魚的血液中有毒素，不適合生食，所以鱧魚不會以生食的型態食用。本文翻譯中的鱧魚刺身（おとし），原文爲「鱧の切り落とし」，直意譯爲「切過之後放入熱水中燙」。爲配合行文流暢，與沿用中文慣用譯法，此單字均以刺身譯之。

擇、花刀斷骨的工夫都是關鍵。以菜刀斷骨後的鱧魚，要如同絹布般能產生柔軟的皺摺，一寸的魚肉至少劃上三十刀，將鱧魚的細骨完全切斷，卻不傷及魚皮，這樣的工夫正是京都料理的絕妙之處。

聽料理的師傅們說：「長年處理鱧魚的斷骨，做久了臼齒都會喀答喀答作響……」*

京都的夏天確實熱，然而，那聳立在夜空下的山鉾車、朝地面灑水後的清新涼意，還有光燦燦點亮的祭典燈籠……卻也為京都的夏天帶來令人舒爽的期待。

秋山

---

*鱧魚斷骨時需要有節奏地下刀，通常手起刀落間，後齒也會不自覺地用力咬緊打著拍子。故有此說。

鱧魚（海鰻）卵　祇園祭其二（はもの子　祇園祭－2）

祇園祭也稱做「鱧祭」，乃因祭典的大餐清一色都是鱧魚。

一到七月，家中便會換掉不透風的和室門，更替為竹簾門，榻榻米鋪上竹或籐編的蓆子，開始著手準備祭典。凍著花朵、消暑用的冰柱也要預作準備，好在山鉾車出巡時，用來接待客人。

鱧魚料理中有一道是鱧魚卵與小里芋的煮物，非常清爽的菜色。小里芋是指大小幾乎可以從指縫間掉下去的里芋。鱧魚卵先以熱水汆燙、瀝乾，小里芋處理乾淨並煮熟。昆布出汁以砂糖與薄口醬油調味，放入魚卵與小里芋，蓋上落蓋後，慢慢煮至入味。起鍋前打個蛋花，讓蛋花膨脹凝固即可，無須煮到染上煮物的顏色。這道菜有著清淡的調味及淡雅的風貌，最後加入切碎的柚子，增加清新的香氣。

以釣竿釣上的鱧魚，肉質如同棉花般口感軟綿。把醬烤鱧魚切成細細的，加上抓了鹽的小黃瓜片、淋上二杯醋，就是鱧魚黃瓜的醋物了；又或者將烤過的鱧魚做成茶碗蒸的配料；而鱧魚壽司，則是用尺寸比較小的鱧魚，一整條下去烤，就像鯖魚壽司一樣，做成細長條狀的棒壽司。這些都是祭典當日的小吃。

將花刀斷骨後的鱧魚以熱水汆燙，遇熱收縮的魚肉，表面的花刀會盛開如花，這種做法叫做牡丹鱧魚。取一朵放入漆碗中，淋上清湯，放入一片柚子皮，就是清爽的湯品。這段期間，鱧魚的料理變化萬千，豐富如盛宴。

祭典當日，女人家會特別留心山鉾車的順序。據說前導的占出山車陣頭如果遲了，車中所祭祀的神功皇后人偶會流汗，導致家中孕婦易難產的厄運。這一年就算抽了什麼上上籤也是白搭。正因如此，宵山祭如果去參拜，附近賣護身符的孩子就會大聲叫賣：「這裡有賣安產的護身符喔！只有今晚才有，平時沒賣喔！」虔誠的各位啊，把護身符帶回家吧！

也請在神前點根蠟燭、祈福吧。

祇園祭並不是專屬於誰的祭典。是流淌在京都人血脈中，每一個京都人的祭典。

大村

紅豆糯米糰（あんころ）

在土用初日＊這一天要吃紅豆糯米糰。

如同其名，只是將糯米糰子裹上紅豆泥。至於何故要在土用初日這天吃？習俗又是從何時而起？不管問誰都找不到確切的答案。

「嗯……應該是用來補暑氣燥熱的體虛吧！」

「欸……我也不清楚，不過聽說是可以避疫除災的樣子。」

得到的回覆如此這般，一點也不可靠。

話雖如此，如果不在這天吃點紅豆糯米糰，我就會擔心夏季病找上自

＊**土用初日**：夏季土用日的第一天。

己，只要吃上一口，似乎就能獲得滿滿元氣——這是我對「土用初日要吃紅豆糯米糰」的個人見解。然而，這天吃糯米糰子的習慣，似乎只有土生土長的京都人才有，對從外地人來說是件不可思議的事。

京都的夏天不是普通酷熱。三面環山，不著山的西邊，有自大阪吹入的熱風，上空或許有涼風拂過，但卻觸不及位處盆地底端的京都。又悶又熱，一到下午簡直像是連安身的地方都沒有般的難受，往往窩在陰涼的榻榻米上，滾著滾著就睡著了，但榻榻米一旦被自己躺熱，又滿身大汗地醒來……。想起京都夏天的酷熱，那光燦燦的屋外，日日亮晃晃的豔陽，強烈得就像在眼前一般。京都民家是呈細長形建造的，屋內總是昏暗暗，空氣留滯不動，就算偶有涼風徐徐穿堂而過，但期盼著涼風再送的心願，也總落空，像是空等在屋簷下的風鈴，安靜地毫無生氣。

在土用期間，如果到他人家作客，我們都會準備紅豆糯米糰當作伴手禮。而這些伴手禮千萬不能到拜訪者家裡附近才買，必定在自家旁購得，以免讓人誤會自己是隨手買點東西充數的，萬一東西不好吃，也無法用「這是在您府上附近買到的，也不知道好不好吃」的藉口開脫了……畢竟所謂「您府上附近的店」，沒準兒就是到他們家裡常買的那間啊！

以上這盡是些在不清爽的暑氣裡，不清爽的碎碎唸呀。

平山

賀茂茄子（かもなす）

賀茂茄子長得又圓又大。說它又圓又大可不是誇張，長得就像新生寶寶的頭一樣大。深紫色的茄子皮散發著光澤，但蒂上的刺可是會扎手的，是一種看起來很溫柔，實則強悍的蔬菜，那隱隱的狠勁彷彿如果不專心對待，它可是會追討上門似的。

洛北地區上賀茂的土地非常適合栽培這種茄子，在其他地區種不出來，也因此冠上產地的名為「賀茂茄子」。茄子的質地緊實，刀子一切，彷彿要炸裂開來。以米糠床醃漬好吃，做成煮物也好吃，味道可謂茄中王者。不僅如此，一株茄苗產出的茄子不多，再加上種植的人愈來愈少，所以價格也堪稱魁首。賀茂茄子對京都人如我來說，就像是自己栽種似的驕傲，夏天如果去東京，一定會當作伴手禮帶去，收到的朋友又是讚嘆又是誇獎，讓我無比開心。

賀茂茄子最好吃的做法是做成田樂味噌茄子。去掉蒂頭，中間剖一刀、橫切成兩個圓片，如果體型大者，就切成三片圓片。在平底鍋裡倒入多一點的油，煎至表面上色後，蓋上鍋蓋以小小火慢慢燜軟。等到可以用筷子輕易戳穿茄子後，起鍋裝盤，將調好的味噌醬抹在茄子上。這道菜的味噌醬可以調得甜些，很適合搭配飽富油脂的軟嫩茄子，味噌不論赤、白味噌都好，也可加一點磨碎的芝麻增添香氣。

院子裡的天色暗下，方才落在石頭上的斗大雨點，轉眼傾盆。躲雨的人們跑進屋簷下，只能暫時望著雨下；街道上水花四濺，暴躁的天候在雷聲響起之後，雨不消片刻便也停了。走到屋外看看恢復清朗的天空，從叡山到東山相連的山峰，山青色顯得格外濃郁。然而，下過雨後氣溫非但沒有下降，反倒更顯悶熱，但是有雨落在屋院的日子，心裡彷彿也被洗滌清爽。往往是在這樣的驟雨過後，腦海中閃過賀茂茄子田樂味噌的美味，便趕緊踩著嘎搭嘎搭的木屐走到廚房，動手做了起來。

平山

鰻魚（うなぎ）

土用丑日＊這一天吃鰻魚，似乎是從江戶時代就有的習慣。孩提時代的夏天，洗完澡後，父母會在我們身上拍一層厚厚的爽身粉。那是一屁股在餐桌邊坐定，窗外依然明亮的向晚時分，揭開桌上精緻的漆器餐盒蓋子，裡面裝著兩片蒲燒鰻魚。祖父與父親的餐盒裡會有三片鰻魚，那可真是羨煞我也。

差不多是同時，暑假剛開始，討人厭的考試也結束了，天空時常會出現入道雲＊，陽光閃閃發亮，枝頭上的蟬鳴不絕於耳，暑假作業還不急著寫。彼時最重要的事，是好好享受鰻魚

＊**土用丑日**：是指土用期間遇到的丑日，每年天數不一。如二〇二三年有一天，七月三十日。二〇二二年有兩天，七月二十三日與八月四日。

＊**入道雲**：積雨雲。雖然一年四季都會發生，但是尤見於夏季，也是特別夏天的季語。

的香氣，在這土用丑日，幸福滿滿地品嚐……真是回憶裡美好的夏天。

在夏天才剛剛開始、還有力氣的時候，動手做蒲燒鰻魚，在夕顏綻放的夏夜吃這道料理，讓人有種小確幸、令人歡愉的情緒——吃了鰻魚之後，就有信心可以對抗酷暑——這就是習俗帶給人的神祕力量。

提到蒲燒鰻魚，就算名稱相同，關西與關東的做法也截然不同。關東的鰻魚從背部下刀片開，以竹籤串過後，先烤過再放入蒸籠蒸軟，沾上醬汁之後，再烤第二遍，醬汁以濃口醬油、酒、味醂混合而成；關西的鰻魚則從腹部下刀片開，帶頭帶尾不上鍋蒸，直接烤成蒲燒鰻魚，以小火慢慢烤至上色，確實烤過之後，淋上醬汁，切分上桌。

將關西做法的蒲燒鰻，單獨切下鰻魚頭的部分叫做「半助」。跟豆腐一起煮，或是直接拿來啃，是一道很不錯的菜色。拿半助當作誘捕老鼠的餌，也十分管用。人在肚子餓的時候，經過鰻魚店，那個香味簡直是要滲透到骨子裡去，我想鰻魚的這種魅力，應該就連老鼠也無法抵擋吧。

聽說喜歡鰻魚的人，多半長壽健康。鰻魚長得又細又長、渾身滑不嘰溜的，連抓它施力的地方都沒有，脂肪卻如此豐潤。難怪鰻魚肝做成的湯、鰻魚的茶泡飯、鰻魚蛋卷，不論哪一道都是非常日本的精力料理呢。

秋山

NENE麵包（ちちパン）

在太陽還沒升起前，起個早到圓山公園（円山公園）散步。步行經過四條通，穿過祇園，從位於東邊的鳥居下經過就是圓山，這是我例行的散步路線。公園裡到處有搭著帳棚的小店，門口立著「NENE麵包」的旗子，搖搖擺擺地向客人招著手。在這個年代，「烤吐司」與「鮮奶」的說法還沒出現，最時髦的就是這NENE麵包。

透早出門散步的人，幾乎都是京都大商號的男東家們，身上穿著輕薄和服，腰間繫著休閒的男用和服腰帶，再搭配一根枴杖的休閒打扮。朝著剛睡下的街道東邊筆直走去，道路的盡頭是親切的祇園紅色樓門一帶，在那後方，東山尚沉睡著。山頂上有個一到正午便會擊鳴的將軍塚炮台，以前這炮聲曾日日宣告中午時分的到來。

從圓山到知恩院、真葛原（まくずがはら）一帶，有許多散步的路線。但是回程一定會到NENE麵包的店，帶著小孩去的大人也不少。厚片的烤麵包上，抹上厚厚一層果醬或奶油，搭配熱熱的牛奶。一到土用後便燠熱難耐的京都，破曉時分受露水滋潤的草木，唯有此時也顯得清涼。在這樣涼爽的早晨，熱呼呼的牛奶特別美味。把麵包放到牛奶裡泡一泡，一邊吸著牛奶一邊吃，是孩子們的吃法。

自從公園裡架設廣播塔之後，原本晨間散步的人，隨著播音員的聲音自四面八方聞聲集合，準備做體操的年輕人也變多了。因做運動而認識的人，相互歡快地打招呼，聲音此起彼落地傳來。

這些景況雖然因為戰爭而不復見，但盛夏清早到圓山公園散步，是京都人的鄉愁，這份情懷至今仍不曾消散。而在公園裡吃的，既不是烤吐司也不是牛奶，是不變的NENE麵包。

散步結束的回家路上，紅紅太陽從山邊剛露出頭。「清晨起早，往東山邊瞧瞧，你看！猴子的屁股老紅了！」這樣明朗的朝日，在孩提時代日復一日……。

大村

八月

◎十二或十三日至十六日的早上為止——迎接祖先的靈魂回來祭拜。每天要以麩、湯葉（嫩豆皮）、高野豆腐、香菇、各種蔬菜製作飯菜，做為祭祀供品。其他也會準備荻餅、麵線、黑豆炊飯、西瓜等，最後在十六日這天做佃煮昆布送走祖先。

◎十六日——五山送火（大文字山）。這一天習慣吃蕎麥麵，有告別夏日的意思。

黃瓜與鱧魚（海鰻）皮（きゅうりとはも皮）

夏日黃昏時分，總能聽見從某戶人家的廚房裡傳出來拍黃瓜的聲音，咚咚、咚咚地在鄰戶間此起彼落。被明亮的天色騙遲了的晚餐準備時間，那拍打的聲響聽來擾人，但黃瓜是整個夏天裡吃也吃不膩的一道菜。

京都土生土長的我會將蔬菜分為本地產與外來兩種。本地產的最大優勢就是新鮮，現摘的黃瓜上還帶著突起的小刺。如果是要做切成段塊狀的料理，我會挑選稍微有些彎曲的黃瓜，即是外型不那麼完美，但並不影響其味，是很物美價廉的選擇。

將切成小塊的黃瓜浸泡鹽水，靜置片刻等黃瓜變軟之後，以笊籬撈起，清水略略沖洗後擰乾備用。黃瓜淺漬後，分量形狀不太有變化，但能保留本身的香氣。

在精進料理中，海帶芽或豆皮最適合與黃瓜搭配；而葷食材料如魩仔魚乾、烤過的沙丁魚、花枝、章魚、烤鱧魚或鱧魚皮等，都和黃瓜是不錯的組合。

烤至香酥的鱧魚皮可以在魚板店購得，將魚皮切得碎碎的撒在黃瓜上，依照自己的喜好淋上一點二杯醋、三杯醋、薑醋，就是一道清爽的菜色。鱧魚皮非常有彈性，與爽脆的黃瓜相得益彰。不過最近愈來愈難見到生的鱧魚皮了，它變成料理店的高級食材，外頭很難買得到了。

此外，在黃瓜盛產且價格最實惠之際，不妨買多一點黃瓜，一口氣鹽漬起來吧！簡單地用鹽巴醃漬，在上頭壓以重石，到了下雪的季節正好取出，把鹽漬黃瓜切成小段，淋上二杯醋，就是很好的下酒菜，或者淋上薑汁做成一道小菜也不錯。

八月的朔日（一日），過去是商號分家回到主家進行盂蘭盆節拜訪的日子，這一天稱為「八朔」（はっさく）。現在，像這樣帶有階級意謂的禮儀，雖日漸式微，但為了對自己日常疏於問候聊表心意，到訪之際，順手帶上自家種的現採蔬菜：「不是什麼貴重的東西，就是意思意思罷了……」此舉看似隨意，但也飽含「不造成主人家心理負擔」的貼心哪。

大村

鯡魚與茄子（にしんとおなす）

去頭之後剖開的鯡魚乾（身欠にしん、身欠きにしん）是屬於京都夏日的魚食材。

好長一段年歲裡，要在不臨海的京都吃到新鮮魚貨是種奢侈，然而，就算在交通日漸便利之下，京都夏天的當季魚貨也不好吃，反倒是不帶腥味的魚乾成為海味首選。

剔除魚刺的鯡魚，緩慢耗時地曬成乾，表面沒有油脂浮起卻帶著光澤的最為上品。將鯡魚乾置於砧板上，用厚重的魚刀刀背、槌子或其他重物敲打，把魚肉的纖維打鬆。放入鍋中以煮好的番茶慢慢煨煮。以番茶煮之，有一說是可以將鯡魚特有的澀味去除，一說在茶葉的單寧作用下會使魚肉變得柔軟。

當鍋中的魚乾煮到蓬鬆柔軟時，捨去鍋中渾濁的湯汁，以砂糖、醬油、料 酒調味繼續煮。此時不宜煮過頭，以免魚肉又變硬了，改用浸泡方式入味即可。

鯡魚與茄子是絕配，這類食材組合稱之為「出合い」＊。用鯡魚的煮汁另起鍋煮茄子，分別煮好再組裝一起，是做這道菜的訣竅（一起煮會吸附彼此的味道，風味變差）。選用小個頭的茄子，縱向上打花刀，做成小燈籠的樣子；如果茄子比較大，縱切對半後，在表面打上斜斜的花刀也很不錯。

炎炎夏日裡，今日也和昨日一樣，沒發生什麼大事地平安度過了。在我們的小日子裡，戲劇性的改變並不會時常發生，就算是

＊**出合い（であい）**：慣用解釋為相遇、遇見的意思。在和食中有「出合いもの」這樣的說法，意思是指當季兩種山產與水產，非常適合搭配在一起的食材，例如白蘿蔔與鰤魚，筍子與海帶芽等。

發生了讓人驚訝的變化，也不見得都是充滿幸運的大事。東山邊的入道雲，給京都帶來了千年籠罩的炎熱高溫，然而，如果可以這樣安穩地度過每一個夏天，我想也是一件極好的事。

平山

香魚和菓子（あゆのお菓子）

豔陽烈日下打著傘出門訪友。一進到屋內，日光無法直射的空間裡，只有令人平靜的昏暗光線；燥熱的肌膚貼在涼涼的竹蓆上特別舒服。我環顧住家四周，家具陳設協調不已，在在飄盪著京都的風情。

當我還在欣賞布置之際，主人家端上冰涼的麥茶與香魚外型的和菓子。和菓子下方墊著竹葉（會不會是院子裡摘下的呢？）在翠綠葉片上是香魚和菓子纖細優雅的身影，彷若睜著天真的眼睛盯著天花板一般。

從香魚解禁＊之後，每到夏天便可在京都的和菓子店，找到這種香魚外型的和菓子。外皮以麵粉製成、烤過，包著求肥＊內餡，從中間縱向對折成橢圓形，只有魚眼的位置烤上顏色。雖說外型做工並不細緻，甚至有些抽象，卻會讓人想到丹波山澗裡游水的香魚。最近在產香魚的地區，也推出類似的和菓子做為當地特產，不過我還是偏愛京都外型雅緻美麗的香魚和菓子。先不管誰優誰劣，在盛夏中吃紅豆餡的點心往往令人生膩，但這道點心卻是口感柔軟清爽的菓子。

其他屬於夏季的菓子，都帶著季節色彩，譬如在夏天吃的點心——懷中汁粉（懷中しるこ），吃法是把包著紅豆餡的外殼先弄碎後，在碗中加入煮滾的熱水。將蒸過的糯米粉糰放在鐵板上面烤硬，即是懷中汁粉的外殼。乾燥後包上紅豆餡。外殼會做成田舍、蛤蠣、土罐等各種形狀，但這種用模具即可壓出形狀者價格較低廉，若是做成半月形或布包模樣的，則因為需要技術而價格較高——得在鐵板上將烤成片狀的外皮稍稍打濕，小心地將紅豆餡包好——光是把外皮稍弄濕就是門藝術了，做

＊**香魚解禁**：為保護野生香魚生態，每年會制定可以開始撈捕與禁止的日期，依照地區略有時間上的差異。

＊**求肥**：和菓子材料之一，以白玉粉或米粉加入砂糖或水飴加熱混合均勻成形。

不好就會大大影響成品的狀態。

京都是個一年四季都有好吃和菓子的地方，饕客也因此刁嘴起來，讓製作和菓子的師傅們不得不使勁地超越極限。每個耗時費工、宛如藝術品的和菓子，吃進肚子裡就消失在世上了。一想到這樣，就會有點淡淡的寂寥與悲傷，不禁想著難道這就是菓子的命運嗎？

平山

素齋羹（のっぺ）

打開神龕的抽屜，找到一張以毛筆書寫的和紙，上面的字跡應是女子所書，娟秀工整地寫下備忘。

一、祭拜祖先時所需準備膳食備忘：

十三日。迎接祖先糯米糰子。茶。

午餐：小里芋、四季豆的煮物。拌長豇豆（碎芝麻）。

高野豆腐。奈良漬。白飯。

十四日。早餐荻餅。粒紅豆口味。黃豆粉口味。

午餐：拌茄子（拌芝麻）。紫萁、地瓜的煮物。

淺瓜的漬物。生豆皮。白飯。

點心：冷素麵。

十五日。早餐白糯米飯。以荷葉包裹。

午餐：素齋羹。麩與生豆皮煮物。南瓜。奈良漬。白飯。

點心：西瓜。

十六日起早。荒布與炸豆皮煮物。白飯。茄子的米糠漬。

我猜祖先們看到有準備糯米糰子、荻餅這些小東西，應該會很開心吧。

……最後面以小小的字寫下：「如果沒有照這樣做，也是可以的。」

這些備忘是誰人所寫下的呢？我想像著，頭上繫著小小的圓髮

＊此段是依照明治時期爲止，已婚女性的外觀打扮所做的描述。

髻，剃了眉毛，牙齒染黑＊，就著微弱的燭火執筆書寫的樣子。據說，在母親嫁到夫家時，這備忘紙箋就已經擺在神龕抽屜裡了。透過這沾染了線香氣味的薄紙，彷彿能窺見頑強中帶著低調，京都女子的生存樣貌。

祖先祭祀又寫成「精靈（しょうりょう）祭祀」，這裡的精靈就是指祖先。亡故的先人們會在盂蘭盆節（お盆）期間回家。祭祀用的膳食置於紅色高腳的漆器托盤中。每日菜色以季節蔬菜、素食做變化，要趁菜飯還冒著熱氣時端到神龕前，是家裡有神龕的主婦們這期間的責任……可謂非常忙碌。

祭祀用的膳食中，湯品僅使用昆布出汁。在昆布的清湯中加入淺瓜、香菇、小里芋、瓢乾、生豆皮等材料，做成素齋羹。吃之前加點薑汁，在炎熱時節，一邊吹涼一邊吃著，盂蘭盆節也接近尾聲了。

蕎麥麵（おそば）

對於習慣京都生活的人來說，沒有什麼比「大文字」的火光，更能讓人感受到夏日逝去的哀愁。

在夜空籠罩的漆黑山頭上，看著赤紅色的火焰從星星點點，變成了一個「大」字，接著出現「妙」字、「法」字……等待文字之火光點燃的期間，真難掩胸口的鼓動。

火勢愈來愈強，在火焰最盛的時候，在一旁的人們會取一個黑底的盆子，裝入一點水，讓大文字的火光倒映於其中，接著一口一口地將水喝掉；年長者虔誠地雙手合十，朝這代表送走先祖靈魂的火焰拜拜之後，再喝盆中的水。據說這樣做可以去除危厄，保佑健康。
雖說盆裡是普通的水，但倒映其中的熊熊火光，卻深深感染了人們的內心。
不知從何時開始，有了在這一晚吃蕎麥麵的風俗。
家人們及素平交好的朋友會一起爬到陽台上，在晚風輕拂中歡快地吃著蕎麥涼麵。穿著清爽的浴衣，在鴨川河岸邊架起的納涼台上，一邊聽著河水潺潺，一邊輕啜蕎麥麵，再沒有比這個更奢侈的了。
悠哉地拿團扇啪嗒啪嗒趕走蚊子，山頭上的火也到了欲熄將滅之際，女人家們也開始想睡覺了——十六日得起個大早，要煮熱熱的飯與荒布，替祖先們準備最後一餐。和荒布同煮的油豆腐，也隨著大清早「叭叭～叭叭～」的店家叫賣聲而至。荒布會先水煮一次，將這煮荒布的黑水，啪的一聲灑在屋外，此舉稱為「送行荒布」（おいだしあらめ），是為先祖返回極樂所做的送行預告。

長長的柳枝垂掛在河面上隨波搖曳，精靈蜻蜓（おしょらいとんぼ）＊舞動著黑色翅膀的夏日早晨，撤下膳台後，盂蘭盆的祭祀便告一段落。兒時的我會隨著大人到附近的河邊，將祭品隨水流去。

味噌荻餅、掛金燈、黃香瓜……緩緩地隨著河水朝下游漂流。

而京都的盛夏，仍持續著……。

秋山

＊**精靈蜻蜓**：是指羽黑蜻蛉（ハグロトンボ），常見於夏季水邊，出現時期與盂蘭盆節舉行期間相同，故京都人有此暱稱。

鯛魚麵線（たいめん）

天氣熱的時候，一邊呼呼地吹散熱氣，一邊把熱呼呼的東西吃進肚子裡，對身體再好不過了。而其中，吃到滿身大汗也顧不上擦、依舊要打牙祭的，就是鯛魚麵線了。吃一碗麵簡直是修行似的，但大汗淋漓地吃畢，真令人渾身舒暢。

夏季的魚類，不論是鹽烤或是做成魚生，最好吃就是鱸魚了，鯛魚只能排行第二。雖說如此，但說到做成麵線的出汁，還是得用鯛魚才行——怎麼吃都吃不膩——正是鯛魚的魅力所在。

為了除去鯛魚的油腥，得先將活鯛的魚頭、魚中骨、一點點的魚肉，統統乾烤過，再將烤過的魚雜以水、酒、鹽、砂糖、薄口醬油調味，煮成美味的鯛魚出汁。奢侈地使用活魚，是出汁不腥不臭的祕訣。

麵線則以大量的熱水煮熟。先煮一鍋熱水，手持一把麵線，雙手搓一搓後放手，讓麵線從鍋子的中心落下，麵線就會朝四面八方綻放般地落入鍋中。靜置片刻後，鍋中的熱水會再度翻騰，這樣一來麵線就可以均勻受熱。

麵線晚點還會再下鍋一次，所以第一次不用煮得太軟，保留一點硬度為佳。煮麵時差不多加兩次冷水，當麵線的顏色變通透時，就可撈起，放入冷水中降溫至涼透。此時，絕對不要用手揉搓麵線，以免發黏，得用筷子在水裡攪動麵線，最後以笊籬撈起瀝水。

鯛魚出汁以昆布出汁稀釋，加入薄口醬油，味道調好之後煮滾，放入麵線，快速加熱一下。取一大碗，放入麵線與鯛魚，淋上湯汁，再加上一點點柚子。現煮現吃最為美味。

夏天的早晨，小販邊朝氣十足地叫賣「鯡魚啊～來買鯡魚啊～」，邊挑著扁擔賣金太郎鯡魚。銀光閃亮、通體肥美的鯡魚啊，比不是當令的夏鯛美味不知多少倍，然而就麵線而論，「再差也得是鯛魚」，才最對味哪。

大村

絹豆腐（きぬごし）

把裝著米糠的小袋子，貼在臉上轉啊轉地畫圈圈，用它來洗臉跟脖子。臉洗好後，刷上一點調得比較硬的白粉，以食指與中指捲起紅色的化妝布，輕輕地、輕輕地打磨勻稱。這樣一來，京都女子的皮膚就會變得比人偶還要白晰。

每次看到絹豆腐，就會想到舊時代女子化妝的樣子。絹豆腐也同樣是又滑嫩又潔白。

木棉豆腐也是，京都的豆腐無一不白嫩，但說起最白、最嫩、最滑、最水靈的，還是絹豆腐了。外行人都以為絹豆腐如其名，是以絹布過濾製作，但是其實所謂的絹豆腐，是用比製作木棉豆腐濃度更高的豆漿，加入鹽滷調和之後，不壓任何重石，直接靜置凝固而製成的。

絹豆腐有各種吃法，加點磨過柚子皮、擠上一點薑汁，泡過水的蔥絲，或搭配七味粉等配料，都非常合適。此外，做點搭配豆腐的調味醬，這樣也很下飯。調味醬的做法是，以昆布與鰹節的出汁加上一點味醂調整，最後以薄口、濃口醬油調成喜歡的濃淡。

眾所周知，京都的夏天特別得悶熱，天氣燠熱難耐，吃食無味時，冰得涼透透的絹豆腐，恰好可以又滑又涼地吞下肚。特別是剛洗完澡後，家裡男人直接穿個褲頭就吃起絹豆腐，簡直舒服到升天了！這是尋常日常中的小小幸福呀。

過了八月二十日就是地藏盆（じぞうぼん）＊，鎮上會將地藏王菩薩裝飾一番，孩子們也可以一整天在附近玩耍。又是打西

＊**地藏盆**：流行於京都、近畿地區在地藏菩薩的緣日所舉行的祭典。由於地藏菩薩是守護小孩的神，所以這一天在廟前會聚集許多孩子，也有撈金魚等活動舉行。

瓜、又是撈金魚的，還有抽獎與吊籃領獎（ふごおろし）的活動＊都很有趣。在地藏王菩薩面前，每個孩子都是好寶寶。

結束了地藏盆之後，夏季的所有祭典便告一段落了，鎮上突然間靜了下來，但是炎熱的天氣依舊持續著。失去了活力的身體，特別讓人疲憊。豆腐店門前，寫著「特製絹豆腐」的旗子，還會持續隨風搖曳上一段時日吧。

大村

＊**吊籃領獎**：地藏盆時舉行的活動，參加的人抽獎之後，會從二樓以繩索將裝有獎品的籃子往樓下送，現在舉辦的地區愈來愈少。

芋懷（ずいき）

被酷熱的陽光曬得喘不過氣的某個角落，泛白的秋天氣息，悄無聲息地來到黃昏的街道上。水嫩水嫩、又粗又壯的芋懷，直挺挺地放在蔬果店的攤子上。

南洋一帶的芋懷，就像是在熱帶長大的孩子般，顏色又紅又黑，體格粗大。外表看起來很粗壯的樣子，其實中心是空空如也。

又粗又長的芋懷裝不進買菜籃裡，只好用一隻手抱著回家。這樣一來，就算想裝作若無其事也很難，走在熙來攘往的馬路上，簡直就像是給自家晚餐菜色做宣傳似的活廣告。鄰家的太太見狀道：「唉呀～你家今天晚上吃芋懷啊？看起來好好吃呢～我們家是不是也該去買一點呢。」

雖說處理芋懷時，經常會被它的汁液弄髒手指，很令人心煩，但是咻～咻地脫了皮之後，便會從指尖傳來屬於秋天的氣息。

芋懷切成三公分左右小段，根部上的芋頭要切成容易煮熟的薄片。先煮軟，以水洗淨後，笊籬撈起瀝水備用。

祖母說煮芋懷時，若鍋蓋上凝結的水蒸氣掉進鍋子裡，會出現澀味。而為了要煮出漂亮的白色，得在水裡放點醋才行。

將昆布、鰹節煮成的出汁調得稍稍濃郁一些，將事先煮過的芋懷放入鍋中，入味後，起鍋前以片栗粉勾芡。用大一點的紅色漆碗舀起盛裝，最後再放一點薑汁就無比美味。是介於芋頭與芋梗之間，纖細柔軟的口感——將此物比喻成介於野趣與纖細之間，若有似無地牽起兩者的風味，也不為過。

芋懷的醋物，是取芋懷纖細的部位，以芝麻醋拌過的一道菜。做這道菜的時候，事先準備好芝麻醋，不需要將燙好熱騰騰的芋懷放入冷水中降溫，直接擰乾加醋即可。做出來會是漂亮的紅色，味道也會相當入味。芋懷也可以搭配醋味噌，或以魩仔魚乾出汁做成煮物。

順帶一提，北野神社秋天祭典的神轎，連骨架也是芋懷做的，京都芋懷真是各方各面都十分被器重呀！

秋山

柴漬（しば漬け）

柴漬是大原一帶的漬物。紫色帶著酸味的漬物，十分美味。據說是從隱居在大原的建禮門院＊開始製作的，有一說是因為八瀨大原的高野川山谷一帶，紫蘇長得非常好的緣故。

曾在一戶大原農家，看過人醃漬柴漬。製作時將非常大量的茄子、小黃瓜、南瓜、青辣椒，放入一個很大的桶子裡，然後撒上鹽醃漬。在農舍的前庭聚集了大量的人們，簡直像是舉行祭典似的活力十足。我一直看到太陽下山，都忘記要回家。

從那天開始，我便一心想自己試著醃漬柴漬。我特別去市場的

＊**建禮門院平德子（一一五五年－一二二四年一月二十五日）**：藍平清盛的次女，母親是平時子。高倉天皇的中宮，也是平家一門唯一一位中宮。她是安德天皇的生母。後來被稱爲建禮門院，一般也多稱她爲建禮門院德子。

漬物店裡學，一邊回想在大原看到的過程試做，最後終於做出好吃的柴漬，為此我得意的不得了。

首先準備當作是主角的茄子、黃瓜，以及分量多得過分的赤紫蘇，還可以備點南瓜與茗荷。將蔬菜類的材料切成差不多的厚薄大小，在桶子底部鋪上一層紫蘇，撒上一點鹽後，放入切成片的蔬菜，再撒上一點鹽，接著以一層赤紫蘇、一層蔬菜的順序疊好。每放一層都需要撒上一點鹽巴，這鹽被稱之為「霜白」。如果醃漬的分量不多，又或者想製作馬上就可以吃完的分量，鹽可以少放一點。反之，如果想放久一點，鹽巴就多加一些。

最上方以重石壓之，靜置於冷暗處。醃漬時間超過二十天左右，桶中的水面上會長一層薄薄的霉，就可以收成了。把醃漬好的柴漬切得細細小小，上桌開動。

柴漬也是京都特產之一。依照店家不同，配方多少有差異，但如果成品顏色是太過鮮豔的紫色，那就表示加了色素；自家製的柴漬就是自然樸素的紫紅色。在大原，另有以青紫蘇醃漬的「青柴漬」，也是非常素直又十分精緻的漬物。

柴漬醃漬的時候，不論是茄子或是黃瓜，都到了即將過季的夏末，暑氣也已攀過了高峰。收拾乾淨的廚房裡，已經開始可以聽見細細小小蟋蟀的鳴唱聲呢！

平山

豆子煮章魚（まめたこ）

在夏季期間，沒煮什麼豆子，主要是因為沒有鮮紅色的金時胡蘿蔔，就提不起勁動手做。而早晚開始涼爽起來之後，就會開始想煮點豆子吃，「來做個豆子煮章魚吧！」這樣的念頭一閃而過。

豆子與章魚一起煮，也是一種「出合い」，兩種的口感都是柔柔軟軟的，就算是戴了假牙的長輩也能吃。以前有間料理店，在中元節的禮物中，一定會有這道章魚煮豆子，這道菜便與我的夏季記憶有了連結，更何況，四月到八月之間的章魚最是好吃呢。

煮章魚的豆子一定要用「鶴之子」（つるの子大豆），聽說這種大豆的形狀，有點像是鶴的屁股所以得名。先將豆子以洗米水浸泡一晚，洗淨後，加入大量的水，不蓋蓋子地慢慢煮軟，鍋子裡的水如果沒了，就加入昆布與鰹節煮的出汁，煮到豆子變軟之後，加入切成塊的章魚。接著才蓋上鍋蓋，以密封鍋子的方式煮章魚。湯汁沸騰時，加入砂糖、少量的鹽、少許濃口醬油調味，以小火慢煮。放入章魚時，也可以一起放入切成小小塊的昆布同煮，但若天氣熱時加入昆布，總會煮得黏糊糊的，比較容易變質，還是避免為好。

餐桌上出現久未見的煮豆子，特別受歡迎，馬上被一掃而盡。第一次吃這道菜的人，一邊吃一邊頻頻點頭，「沒想到章魚能煮得如此柔軟。」豆子煮章魚，就算是做成茶泡飯，也絕對不會有腥味。

在我所居住的小鎮上，已經開始聽不見蟲鳴，天空的位置也稍稍高了一點點。雖說仍有夏末殘暑，但秋季的氣息已至，食慾也開始變得好一些。我想正因為如此，才會想煮點豆子來吃吧。

再來就是要換季衣服的時候了，一整個八月還能穿透氣的薄物（うすもの）＊，但是一到九月就得換上稍微沒那麼單薄的衣物了，忙碌地收拾整理之際，在此時如果有準備煮豆子，也能替準備菜飯省點心力。

大村

＊**薄物**：七、八月盛夏時所使用的和服，無內裡，以輕薄透氣的紗等製成。

京都家滋味：春夏廚房歲時記

看世界的方法236

おばんざい 春と夏：京の台所歳時記

作者——秋山十三子、大村重子、平山千鶴
譯者——許邦妮
攝影——許邦妮

封面設計——兒日設計
內頁設計——吳佳璘
責任編輯——施彥如

董事長——林明燕
副董事長——林良珀
藝術總監——黃寶萍

社長——許悔之
總編輯——林煜幃
副總編輯——施彥如
美術主編——吳佳璘
主編——魏于婷
行政助理——陳芃妤

策略顧問——黃惠美．郭旭原
郭思敏．郭孟君
顧問——施昇輝．林志隆
張佳雯．謝恩仁
法律顧問——國際通商法律事務所
邵瓊慧律師

出版——有鹿文化事業有限公司｜台北市大安區信義路三段106號10樓之4
T. 02-2700-8388｜F. 02-2700-8178｜www.uniqueroute.com
M. service@uniqueroute.com

製版印刷——沐春行銷創意有限公司

總經銷——紅螞蟻圖書有限公司｜台北市內湖區舊宗路二段121巷19號
T. 02-2795-3656｜F. 02-2795-4100｜www.e-redant.com

ISBN——978-626-7262-12-2
初版——2023年11月
定價——380元

本書所收錄之照片為台灣版獨創照片，非原書照片。

京都家滋味：春夏廚房歲時記 / 秋山十三子、大村重子、平山千鶴．著 許邦妮．譯 —初版．— 臺北市：有鹿文化 2023.11．面；（看世界的方法；236）譯自：おばんざい：京の台所歳時記 春と夏
ISBN 978-626-7262-12-2　1. 食譜 2. 日本京都市　427.131..................112002969

OBANZAI HARU TO NATSU KYO NO DAIDOKORO SAIJIKI
by Tomiko Akiyama, Shige Omura, Chizu Hirayama

Original Japanese edition published by KAWADE SHOBO SHINSHA Ltd. Publishers.
This Complex Chinese edition is published by arrangement with
KAWADE SHOBO SHINSHA Ltd. Publishers, Tokyo in care of Tuttle-Mori Agency, Inc., Tokyo, through LEE's Literary Agency, Taipei.